金属硫族化物的合成及性能研究

曾亚萍 王 柳 著

中国原子能出版社
China Atomic Energy Press

图书在版编目（CIP）数据

金属硫族化物的合成及性能研究 / 曾亚萍，王柳著.
--北京：中国原子能出版社，2023.10
ISBN 978-7-5221-3085-9

Ⅰ. ①金… Ⅱ. ①曾…②王… Ⅲ. ①金属–硫化物
–合成–研究②金属–硫化物–性能–研究 Ⅳ.
①O613.51

中国国家版本馆 CIP 数据核字（2023）第 212324 号

内 容 简 介

金属硫族化物纳米材料作为半导体材料的重要成员之一，因其优异的光电性能，在光学、电学、生物医学、电化学和太阳能电池等领域具有广泛的应用前景。尽管当前对金属硫族化物纳米材料的研究方面已经取得了较大的进展，但这些进展主要集中在对单金属硫族化物的研究上，对于多金属参与或金属硫化物复合材料的可控制备及性能研究还不尽完善。因此，系统、高效地制备多金属硫族化物及其复合材料并研究其性能无论从基础研究，还是从应用的角度来看，都有着重要的意义。本书主要介绍了 Cu-Bi-S 系列化合物、Cu_2ZnSnS/Se_4 系列材料、Sb_2S_3/C 以及双金属硫化物 $Sb_2S_3/FeS_2@C$ 复合材料的可控合成，探究了它们的形貌结构、生长机理，并研究了这些化合物的光电、电化学及光伏性能等。同时还研究了 ZnSe 纳米线在外力作用下的一些物理性能的变化。

金属硫族化物的合成及性能研究

出版发行	中国原子能出版社（北京市海淀区阜成路 43 号　100048）	
责任编辑	刘东鹏	
责任印制	赵　明	
印　　刷	北京天恒嘉业印刷有限公司	
经　　销	全国新华书店	
开　　本	787 mm×1092 mm　1/16	
印　　张	9.125	
字　　数	155 千字	
版　　次	2023 年 10 月第 1 版　2023 年 10 月第 1 次印刷	
书　　号	ISBN 978-7-5221-3085-9　　定　价　**78.00 元**	

　　金属硫族化物纳米材料作为半导体材料的重要成员之一，因其优异的光电性能，在光学、电学、生物医学、电化学和太阳能电池等领域具有广泛的应用前景，这些性质具有尺寸、形貌和化学组分等依赖特性。因此，合理设计、可控合成具有特殊形貌结构、化学组分的金属硫族化物纳米材料已成为生物医学、光电器件、电化学等前沿领域的研究热点。尽管当前研究者对金属硫族化物的纳米制备与合成已经取得了较大的进展，但这些进展主要集中在对单金属硫族化物的研究上，对于多金属参与或与其他材料复合的硫族化物的可控制备及性能研究还不尽完善。因此，系统、高效、廉价地制备多金属硫族化物及其复合材料并研究其性能无论从基础研究，还是从应用的角度来看，都有着重要的意义。

　　本书的内容涵盖了作者攻读博士学位期间的研究工作和参加工作期间的部分研究工作。本书主要从介绍可控合成三元 Cu-Bi-S 系列化合物、四元 Cu_2ZnSnS/Se_4 系列纳米材料、二元 Sb_2S_3/C 以及双金属硫化物 $Sb_2S_3/FeS_2@C$ 复合材料出发，探究了它们的形貌结构、生长机理，并研究了这些化合物的光电、电化学及光伏性能等。同时还研究了 ZnSe 纳米线的一些物理性能，如与金属接触时 ZnSe-Au 纳米线所形成的肖特基节在通过电流自加热后微结构的变化，以及发生应变后 ZnSe 纳米线内部电学性能以及热学性能的变化。

　　本书共 9 章，第 1 章为绪论，主要介绍金属硫族化物的一些基本性能、合成与制备方法，以及常见的应用。第 2 章至第 4 章介绍了三种三元或四元铜基硫族化合物的制备方法，显微结构，光学带隙等。第 5 章和第 6 章采用静电纺丝法将硫化锑（Sb_2S_3）以及硫化锑与硫化铁（Sb_2S_3/FeS_2）复合材料嵌入到碳纤维中，并着重研究了其在用作钠离子电池负极时的电化学性能。第 7 章和第 8 章采用原位 TEM 技术，介绍了 ZnSe-Au 纳米线所形成的接触在通过电流自加热后显微结构的变化，以及发生应变后 ZnSe 纳米线内部电学性能以及热学性能的变化。第 9 章是结论与展望。

全书由曾亚萍、王柳统稿。本书在撰写过程中，时任中国科学院物理所研究员、湖南大学博士生导师的王岩国老师为本书的初稿提出了非常宝贵的意见，在此深表感谢。此外，桂林理工大学研究生张旗同学为本书部分章节提供了实验数据，对此表示感谢！

由于作者水平有限，书中疏漏与不妥之处在所难免，恳请广大读者批评指正！

第 1 章

绪　论

1.1　引　言

1.1.1　纳米材料的发展历史

近几年来，人类在生物医学、化学化工、信息技术、国防科技、能源环境等领域取得了重要的发展。这些发展使得人类不再满足于传统材料的各种性能，对材料的性能提出了许多新的要求。如元器件的微型化、智能化及集成化要求材料的尺寸越来越小。航空航天、军事装备等对材料的韧性及密度都提出了新的要求。生物医学、信息技术等要求材料的敏感性越来越高。因此，研究和发展新材料是未来科学研究的重要方向，同时也是未来科学发展进步的基础。其中纳米材料是近年来新兴的行业，由于其具有许多宏观材料所不具备的特殊理化性能，以及由此产生特殊的应用价值，使其成为了现代科学研究的热点。

事实上，纳米材料在人类的生产生活中并不陌生。我国古代文人所使用的墨，就是利用松枝或者油脂燃烧所产生的烟尘制成炭黑作为原料，这些烟尘其实就是最早的纳米颗粒材料。此外，古人用白锡在低温环境中发生"锡疫"，变成粉状灰锡，然后将这种粉状灰锡均匀地涂在铜镜的镜面与镜背处，使之成为铜镜的防锈层，这种铜镜的防锈层其实就是最早的纳米薄膜材料。直到 19 世纪 60 年代，随着胶体化学的建立，人类才开始有意识地开展对纳米材料的研究。1962 年日本的 Ryogo Kubo 及其合作者提出了著名的久保（Kubo）理论。久保理论是针对金属超微粒子费米面附近电子能级状态分布而提出来的，该理论发现由于金属超微粒子的电子能级不连续，在低温下（即 $T \rightarrow 0$），当费米能级附近的平均能级间隔 $\delta \geqslant k_B T$ 时，金属超微粒子所显示的比热关系与块体金属完全不同。到了 1974 年，日本的谷口纪男教授才正式提出了纳米（nano）这个新名词。1984 年，德国的 Gleiter 和美国的 Siegel 教授等人首次采用惰性气体凝聚法在高洁净真空的条件下制备了具有清洁表面的粒径为 6 nm 的铁颗粒，并通过原位加压成形，烧结得到了纳米微晶块体材料，且提出了纳米材料界面结构模型，使纳米材料进入了一个新的阶段。1990 年，美国巴尔的摩召开的第一届国际纳米科学技术会议，正式把纳米材料科学作为材料科学的一个新的分支，标志着纳米科学作为一个相对独立的学科诞生。从那以后，在全世界范围内掀起了纳米材料的研究热潮。

随着科学技术水平的不断提高和分析测试技术手段的不断进步，人类逐渐研制出了纳米管、纳米颗粒、纳米线、纳米带、纳米薄膜等新材料。这些纳米材料有一般的晶体和非晶体材料不具备的优良特性。它的出现使凝聚态物理理论面临新的挑战。

1.1.2 纳米材料的性能

纳米结构材料简称纳米材料，是指在三维空间中至少有一维处于纳米尺度范围，或者由这些低维结构作为基本单元所构成的材料，包括纳米颗粒、纳米线、纳米薄膜以及由这些结构组装的固态材料。其中纳米颗粒指的是尺寸在纳米数量级，直径一般在 1~100 nm，介于宏观物体和原子簇之间的粒子。纳米材料按照空间维度可分为纳米零维材料，指在三维空间中，各维都处在纳米尺度范围内，如量子点，原子团簇等；纳米一维材料，指在空间有两维处于纳米尺度范围，如纳米棒、纳米线、纳米管、纳米带等；纳米二维材料，指在三维空间中任一维在纳米尺度，如纳米厚度的薄膜，超晶格等；三维纳米材料，以零维或者一维纳米材料为结构单元所构成的块体材料、超结构材料等。此外，纳米结构材料还包括介孔材料、空心纳米球、无机纳米结构单元与聚合物、生物大分子、有机分子等作用而形成的复合杂化材料，以及单纯的有机体系纳米结构材料等。纳米材料的结构分类如图 1.1 所示。纳米材料既不属于典型的微观系统也不属于典型的宏观系统，它是介于微观系统与宏观系统之间，称为介观系统。它具有许多新颖的特性，如表面界面效应、小尺寸效应、宏观量子隧道效应以及量子尺寸效应等。

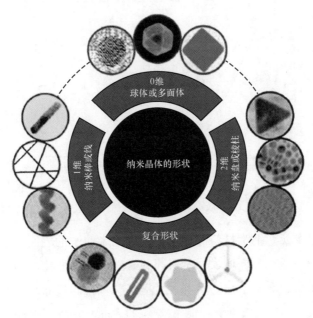

图 1.1　纳米材料的分类图

小尺寸效应：由于材料的尺寸变小，当达到纳米级别后会引起材料的宏观物理性质发生变化，称为小尺寸效应。随着颗粒尺寸的量变，在一定条件下会引起颗粒性质的质变。对超微颗粒而言，尺寸变小，同时其比表面积亦显著增加，从而会在光学、热学、力学、磁学等领域展现许多与宏观材料不同的特性。比如，当黄金的尺寸被减小到小于光波波长时，它原有的华丽光泽就会消失，转而呈现黑色。事实上，所有的金属当它们的尺寸下降到超微颗粒时都会呈现黑色。并且尺寸越小，颜色越黑。铂（白金）在宏观状态下呈现银白色，但当尺寸下降到纳米级别后会变成铂黑，金属铬的尺寸下降后会变成铬黑。这是因为金属超微颗粒具有很低的光反射率，通常可低于1%，当颗粒的尺寸达到大约几微米时就能完全消光。利用这个特性，超微颗粒可以用作高效率的光电、光热等转换材料，如将太阳能转变为电能与热能。除此之外，宏观固态材料当其形态为大尺寸时，其熔点为一定值，超细微化后却发现其熔点被明显降低，尤其是当颗粒的尺寸小于 10 nm 时这种现象更加明显。如块体金的熔点为 1 064 ℃，但当尺寸下降到 10 nm 时，熔点则降为 1 037 ℃，到 2 nm 时，熔点降到了 327 ℃左右。

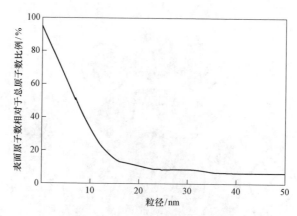

图 1.2　表面原子数与粒径大小的关系

　　表面界面效应：纳米材料的表面效应指纳米粒子的表面原子数与总原子数之比随粒径的变小急剧增大后所引起的宏观性质的变化。纳米微粒的高分散性，使得体系表面原子数的比例大大提高。颗粒的尺寸越小，表面原子所占比例就越大。如图 1.2 所示。超微颗粒的表面与块体材料的表面是十分不同的，若用高倍率电子显微镜对金属超微颗粒（直径为 1～100 nm）进行观察，可以发现这些颗粒的形态不能保持稳定状态，随着时间的推移它们会自动形成各种不同的形状（如八面体，十面体，二十面体等），它既不同于一般的固体，也不属于液体，更不属于气体，是一种准固体状态。当用显微镜中的电子束照射时，金属超微颗粒的表面原子会进入一种类"沸腾"状态，但是当粒子尺寸增大到 10 nm 以上时便无法观察到这种颗粒结构的不稳定性，此时超微颗粒会达到稳定状态。另外，超微颗粒还因为其大的比表面积而具有很高的化学活性，将这种金属超微颗粒置于空气中时会因迅速氧化而燃烧。为了防止与控制这种超微颗粒自燃以及氧化的速率，可以在超微颗粒的表面包覆一层致密的氧化物膜，达到与空气隔绝的目的。利用纳米材料的这种表面活性，金属超微颗粒在贮气材料、低熔点材料以及新一代高效催化剂等方面都会有广泛的应用前景。

　　量子尺寸效应：宏观粒子的尺寸下降后，达到某一值时，半导体粒子中不连续的最低空分子轨道和最高占据分子轨道能级能隙会变宽，金属粒子中位于费米能级附近的电子能级会从原来的准连续状态变为离散态，这些都被称为量子尺寸效应。量子尺寸效应在宏观上的表现有很多，比如，磁矩的大小和颗粒中电子的奇偶性密切有关，而电子的奇偶性由原子的数量决定；金属尺寸从宏观态下降到超微颗粒时会从导体变成绝缘体；材料的比热也会因尺寸的变化而发生变化；粒子尺寸变小时其光学特性也会发生变化，如光谱谱线会产生蓝移现象。

宏观量子隧道效应：由于电子既有粒子性，又有波动性，因此具有贯穿势垒的能力，而微观粒子也具有类似的贯穿势垒的能力，这种贯穿势垒的现象被称为隧道效应。近年来，人们发现许多宏观量（如量子相干器件中的磁通量，微颗粒的磁化强度等）也具有贯穿势垒的能力，因而被称为宏观量子隧道效应。这种量子隧道效应即微观体系借助于一个经典被禁阻路径从一种状态改变到另一种状态。例如，当电路的尺寸与电子波长相当时，在半导体集成电路中，电子会通过隧道效应溢出器件，使得半导体器件无法正常工作。经典电路的极限尺寸大概在 $0.25~\mu m$。目前研制的量子共振隧道晶体管就是利用量子隧道效应制成的新一代器件。

上述的小尺寸效应、表面界面效应、量子尺寸效应以及宏观量子隧道效应都是纳米微粒与纳米固体的共同特性。其中最基本的是量子尺寸效应和表面界面效应，它使纳米材料在电学、磁学、光学、催化、相变、粒子输送等领域呈现出许多奇异的性质，从而使得半导体纳米材料在光电器件、医疗传感、有机催化降解等方面具有广阔的应用前景。

1.2　金属硫化物纳米材料简介

金属硫化物纳米材料不仅具有纳米材料所共有的量子尺寸效应，表面效应，宏观量子隧道效应等新奇的性能，而且还具有许多光学、电学和磁学等自身所特有的优异性能。使其在纳米生物医学、光电器件、催化、传感等前沿领域的都具有很好的应用前景，使其成为了当今的研究热点。金属硫化物纳米材料由于硫元素具有非常活跃的化学性能，可以与许多的元素形成化合物，因此其所包括的范围很广。按照化合物中所含元素的多少可以分为二元金属硫化物（如 Cu_2S，Ag_2S，CdS，PbS 等），三元金属硫化物（$CuInS_2$，$CuBiS_2$ 等）及多元金属硫化物（ZnCdSeS 等）。按照所含金属的种类可以分为过渡金属硫化物（硫化铜，硫化铁，硫化银等）与非过渡金属硫化物（如硫化钠、硫化钾、硫化锑、硫化镁等）。按照所合成的纳米材料的形貌与尺度可以分为零维纳米颗粒（量子点），一维纳米线（纳米棒，纳米管，纳米带等），二维纳米片等。尽管金属硫化物纳米材料包括的范围很广，但是大部分的此类化合物在结构上有一个共同点，即金属元素嵌入在硫元素所构成的网络中。

金属硫化物的用途也非常广泛，如二硫化钼是有机合成中的催化剂。由于含硫有机化合物（如噻吩）会使普通氢化催化剂中毒，因此二硫化钼可用于催化含硫有机物质的加氢反应。硫化镉可用于制作光电池。硫化铅被用于制作红外感应器。多硫化钙、多硫化钡和多硫化铵是杀菌剂和杀虫剂。硫化锌和硫化镉被用来制造荧光粉，高纯度的硫化镉是良好的半导体。硫化钠被大量用于硫化染料的制造、有机药物和纸浆的生产等。硫化钙和硫化钡被用来制造发光漆。

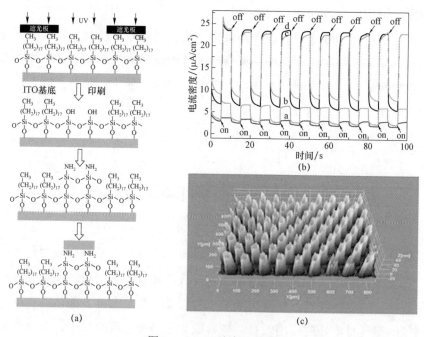

图 1.3　Bi_2S_3 纳米晶薄膜

（a）图案化工艺；（b）光电响应；（c）三维形貌

目前，国内对金属硫化物研究得比较多的有中国科学院苏州纳米技术与纳米仿生研究所王强斌课题组，该课题组在采用单源前躯体法控制合成金属硫化物纳米材料以及性质研究方面取得了一系列重要进展。他们建立了一种热分解二乙基二硫代氨基甲酸盐的方法，可以简单、高效地制备不同种类的金属硫化物纳米材料，并且可以实现对其形貌、大小和化学组成进行充分的调控。例如，该课题组在国际上首次通过热分解二乙基二硫代氨基甲酸银（Ag（DDTC）），制备得到了尺寸均匀的、大小为 10 nm 左右的单分散性 Ag_2S 近红外量子点，这种新型 Ag_2S 量子点的发现对于活体深层组织荧光成像技术具有重要的意义。此外，该课题组还合成了具有强量子限制效应的超细 ZnS 纳米线（半径为 2.2 nm，小于其玻尔半径 2.4 nm），其产率几乎可达到 100%。除了王强斌课题组外，中国科学院兰州化学物理研究所固体润滑国家重点实验室的贾均红课题组，在对金属硫化物纳米材料及其功能薄膜的设计、制备和性能研究方面，也取得了一系列重要进展。他们利用化学浴沉积结合自组装技术，在单晶硅及玻璃上可控制备了一系列金属硫化物如 Cu_xS、CdS、In_2S_3 及 Bi_2S_3 等纳米晶薄膜。同时，采用自组装结合紫外光刻技术，制备了完整、有序的硫化物图案化薄膜，研究了图案特征对薄膜光学及光电性能的影响，并揭示了硫化物沉积薄膜的形成和生长机理。如图 1.3 所示，为贾均红课题组所制备的 Bi_2S_3 等纳米晶薄膜。

1.3　金属硫族化物纳米材料的合成方法

硫族化合物具有非常复杂的结构及丰富的物理和化学性质，是近年来研究较多的无机多功能材料之一。它们的合成研究已成为目前无机合成化学的一个十分活跃的研究领域。在过去的几十年中，人们开发出了许多合成金属硫化物纳米材料的方法。其中主要可以归纳为以下几种。

1.3.1　气相法

气相法主要指在制备的过程中，将拟生长的晶体材料通过升华、蒸发、分解等过程转化为气相，随后通过适当条件下使它成为饱和蒸气，经冷凝结晶而生长成晶体。此法生长的晶体具有纯度高、完整性好等特点，但是需要采用合适的热处理工艺以消除部分缺陷以及热应力。气相法根据其源物质转化为气相的途径不同，主要包括以下几种：磁控溅射法（Radio-Frequency Magnetron Sputtering，RFMS）、化学气相沉积法（Chemical Vapor Deposition）、分子束外延（Molecular-Beam Epitaxy，MBE）、金属有机气相外延法（Metal Organic Vapor Phase Epitaxy，MOVPE）、金属有机化学气相沉积法（Metal Organic CVD）以及热喷射法（Thermal Pyrolysis）等。

根据所生成的纳米材料的形貌来分，气相法主要包括无催化剂参与的气–固（VS）以及有催化剂参与的气–液–固（VLS）两种生长机制。其中后者使用了金属颗粒（常用的有金、铋、镍等）作为催化剂或者导向剂来生长一维纳米材料。VLS 生长机制中最关键的部分就是选择适当的金属作为催化剂、然后根据相图找到固态纳米线与液态合金材料可以共存的温度范围。VLS 生长机制主要包括三个实验过程，（1）气相蒸发：指将反应源物质在低压且高温的环境中蒸发，然后利用所通入气体（常用的有氮气或者氩气）的传输作用将已经产生的蒸气输送到催化剂的表面；（2）液态合金：气相反应物被传输到金属催化剂表面后，反应物会被催化剂颗粒吸收并形成与催化剂颗粒共存的合金液滴；（3）固相析出：随着反应的进行，反应物在与催化剂形成共存的液滴中的浓度不断增加并最终达到饱和状态，此后固态产物就会通过固–液界面从催化剂表面析出，随着时间的延长，析出物会生长成具有一维线状纳米结构的外形。如图 1.4 所展示的就是利用 VLS 机制生长一维纳米线的过程示意图。19 世纪 60 年代，Wagner 等人在制备硅纤维时首次提出了 VLS 生长法。随后，杨培东（P.Yang）研究小组以合成 Ge 纳米线为例，从实验上验证了 VLS 生长机制生长纳米线的机理。通过使用配有温度调控装置的 TEM 腔室，杨培东等人对 Ge 纳米线的原位生长过程进行了全程监控，所获得的 TEM 照片记录了锗纳米线生长的每一个过程。利用 VLS 机制所生长出来的一维纳米材料最大的特点就是每根纳米线产物的顶端都带有一个球形的金属催化剂颗粒。

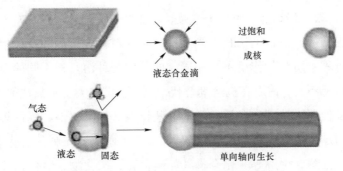

图 1.4 气–固–液过程生长纳米线示意图

VS 生长机制在大部分情况下与 VLS 过程类似，只是可以在不用催化剂的气相体系中制备生长一维纳米材料，反应中气态原子本身可以发挥催化剂的作用。VS 生长机制的具体过程是，反应物在高温下形成气态源，在低温时这些气相分子直接凝聚，当达到临界尺寸后，就会成核并且生长。运用 VS 法合成一维纳米结构，主要是通过控制收集区与蒸发区的蒸汽压力以及温度来调节材料的尺寸。如张旭东等人在制备氧化锌纳米棒时所使用的就是简单无催化剂的高温热蒸发方法，用这种方法所制备的氧化锌纳米棒具有规则的外形和良好的晶体结构。这种生长方法的机理可表述为：沸点低的锌被先蒸发出来，锌原子到达衬底后，会在先前形成的氧化锌晶核上发生定向粘附，随着反应的进行，晶核的尺寸逐渐扩大使氧化锌晶体沿 c 轴方向生长，最终形成纳米棒结构，是典型的气–固（VS）生长过程。

1.3.2 液相法

在合成金属硫族化物纳米材料时，所使用的液相法主要有水热合成法、溶剂热合成法以及热注入法。水热法，指的是利用水为溶剂来合成纳米材料的方法。一般是在特制的密闭反应容器（高压反应釜）中，在一定的温度下（通常 100～240 ℃），利用水的自生压强（1～100 MPa）来合成与制备纳米材料的方法。

溶剂热方法是在水热法的基础上发展起来的，同样也是在密闭体系（高压反应釜）中，以有机物或非水溶剂为溶剂，通过调节压力、温度，以及反应源物质来合成金属硫化物纳米材料的一种方法。溶剂热法生长纳米材料的原理与水热法非常相似。在使用溶剂法生长纳米材料时，常用的有机溶剂有芳香烃类（苯、甲苯等）、胺（十二胺、乙二胺等）、醚类以及醇类（如甲醇、乙醇、丙三醇等）等，当选择不同的反应物材料时，不同的有机溶剂在所参与的反应过程中所起的作用不尽相同，即使同一种溶剂在不同的反应中所起的作用也可能不同。使用有机溶剂替代水后，不仅扩大了水热法的使用范围，而且也可以使有机溶剂本身所具备的一些特性（如配位性、极性等）在合成纳米材料的过程中起到有益的辅助效果，解决了水热法在制备一些水敏感（遇水易氧化、分解、水解等）化合物（如硅化物、磷化物、氮化物等）时的局限性问题。

热注入法指将几种反应物前驱体分别溶解在热溶剂中，在一定的温度下使其混合发生反应。1993 年，Murray 课题组报道了一种相对简单的热注入法合成单分散性较好的 CdX（X = S，Se，Te）半导体纳米材料。他们使用的是有机金属前驱体在沸腾的有机溶剂中发生反应所获得的。之后，出现了许多类似的替代方法。比如彭的课题组报道了一种简单的，可重复的，且环境友好型的方法来合成形貌可控的半导体纳米材料。他们使用廉价的 CdO 来替代有毒、昂贵且不稳定的有机金属前驱体。Hyeon 等人报道了他们在合成 ZnS，CdS，MnS 等半导体纳米材料方面的工作，通过金属氯化物与硫在油胺中发生热反应，然后在烷硫醇中热分解金属–油胺复合体得到所需材料。李等人报道了用硝酸盐和硫粉或硒粉作前驱体，十八胺作溶剂的方法合成了一系列形貌可控的金属硫化物半导体。2009 年，Agrawal 等人首次用热注入法合成了四元的 Cu_2ZnSnS_4 纳米晶，并且用所合成的材料做成了性能较好的太阳能电池。

液相法是一种简单，易于操作的纳米材料的合成方法。作为一种使用广泛的软化学方法，液相法在合成多元金属硫族化合物方面的进展却十分有限。从化学反应的本质来说，溶液中多元金属硫族化物的合成反应可以看成是反应物通过自组装的方式，利用金属阳离子将硫族元素中的阴离子连接起来。由于大部分的金属硫族化物为难溶物，使得利用液相法制备多元硫族化物的难度很大。所以到目前为止，绝大多数的多元金属硫族化物是采用熔盐方法合成的，只有少数的多元硫族化物是通过液相法合成的。所以我们需要思考的是，在合成反应中，若能采取有效的方法减少或者阻止难溶金属硫族化物的形成，提高它们的溶解性，那么利用液相法应该可以合成出大量的新型多元硫族化物。目前无论国内外，在解决多元金属硫族化物合成过程中溶解度小这一难题时，主要是使用提高反应温度、增加反应压强或使用苛性有机溶剂等方法来实现的。然而在相对较高温度与压强的条件下，硫族阴离子簇会分解成硫族代酸根阴离子，从而使获得新型多元硫族化合物，尤其是亚稳相的机会大大减少。此外，由于使用苛性有机溶剂会对环境造成污染，也不利于纳米材料的大批量合成。针对上述问题，白音孟和等人提出选择合适的螯合剂来解决液相法中难溶金属硫化物的形成问题。如 Sheldrick 和 Chou 等人通过使用合适的螯合剂，采用水热及溶剂热方法，合成了许多二元及三元的金属硫族化合物。近年来，关于多元金属硫化物的溶剂热合成也屡有报道。

1.3.3　模板法

模板法是指采用具有纳米孔洞的基质材料中的空隙作为模板，进行纳米材料的合成，利用模板剂的调试作用和其空间限制作用对合成材料的形貌、尺寸、结构和排布等进行控制，它是合成各类纳米材料的一项有效技术，具有良好的可控性。常用的模板剂有两类，第一类是固体模板，又称为硬模板，主要包括纳米管、纳米线、多孔材料的孔道、固体材料衬底上的阶梯表面等。固体模板法是一种常用的纳米材料的合成方法，大多是利用固定结构和孔材料作为模板，结合气相沉淀法、电化学法、溶胶－凝胶法等技术使物质原子或离子沉淀在模板的孔壁上，形成所需的纳米结构。第二类是软模板，主要包括表面活性剂胶束、共聚物、线性生物大分子 DNA 等。

1.3.3.1　硬模板法

硬模板法主要包括多孔氧化铝，微孔、中孔分子筛，碳纳米管及其他纳米结构等。多孔氧化铝（AAO）是一种在阳极化过程中自组装形成的纳米结构，其孔洞为有序排列的六角柱形结构。AAO 纳米结构的生长过程中仅起模板限域作用，其本身不参与生长反应。一维纳米结构的合成仍需要采用其他各种物理及化学方法来实现。目前使用较多的有溶胶－凝胶法、CVD 法以及电化学沉积法等。利用多孔氧化铝为模板生长出了一维纳米材料之后，需要将 AAO 模板去除才可以得到尺寸比较均匀的纳米结构。目前利用该方法已经成功合成了多种纳米阵列结构，如 Cu$_2$S、Pd、Ag 等。利用硬模板法在合成金属硫族化物方面，也取得了许多进展，如 2011 年 2 月，Liang Shi 课题组在 JACS 上发表了一篇用 AAO 模板法合成 Cu$_2$ZnSnS$_4$ 纳米线的文章，打破了此类四元化合物在一维方向上一直没有突破的纪录。如图 1.5 为 Liang Shi 等人使用 AAO 模板法生长的 Cu$_2$ZnSnS$_4$，模板的直径为 200 nm。

图 1.5　AAO 模板法生长的 Cu$_2$ZnSnS$_4$ 纳米线阵列

　　纳米管、纳米线等一维纳米结构也可作为模板，通过填充或氧化还原反应可得到新颖的复合型一维纳米结构。如碳纳米管作为模板时，其原理与 AAO 类似，也是利用其中空结构来填充生长一维纳米材料。纳米线作为模板时，是以本身作为母体框架，通过与其他进入母体中的离子参与氧化还原反应得到新的材料。例如 Lee 等以 CdS 纳米带为模板合成出 ZnS 纳米线阵列。Li 等人（如图 1.6 所示）以 CuSe 纳米线束作为模板生长出了 Cu$_2$ZnSnSe$_4$/Cu$_2$ZnSnS$_4$ 核壳结构的纳米线。

图 1.6　Cu$_2$ZnSnSe$_4$/Cu$_2$ZnSnS$_4$ 核壳结构纳米线束的显微图像
（a）、（b）为 SEM（扫描电镜）图像；（c）为 TEM（透射电镜）图像

1.3.3.2　软模板法

软模板法主要采用棒状胶束等为模板，在表面活性剂的辅助下，通过棒状胶束使离子前驱体分解形成一维线状纳米结构。所得到纳米结构的长径比可通过胶束的形状和尺寸、前驱体溶液和表面活性剂的浓度来调节。软模板法技术操作方便、方法简单、成本低，已成为制备、组装微晶的重要手段。它的缺点是不能像硬模板那样严格控制产物的形状和尺寸。将聚合物作为软模板，Zhang 等报道了利用聚丙烯酰胺分子控制合成高纵横比的 CdS 纳米线，实验中，聚丙烯酰胺分子起分子筛的作用。生物分子也可以作为软模板来合成金属硫化物纳米材料，一种常用的生物分子模板是蛋白质，如 Meldrum 等人用铁蛋白为模板制出了纳米 Fe_2S_3。

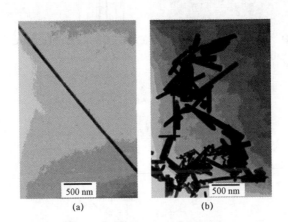

图 1.7　CdS 纳米线的 TEM 图像

（a）利用聚丙烯酰胺分子控制合成的；（b）未加聚丙烯酰胺时合成的 CdS 纳米线

1.3.4　高温分解法

在上述这些方法中，热分解单一源金属前驱体的方法被认为是简单有效地生长形貌可控纳米材料的方法之一。PbS 纳米晶，CdS 量子点，EuS 纳米晶都是通过这种方法在液相中合成的。最近，Cu_2S 与 PbS 纳米材料也是通过直接在基底上热分解单一源前驱体所获得。图 1.8 是 Wang 的课题组利用热分解方法生长的 Ag_2S 量子点。使用油酸与十八胺作为表面活性剂，十八烷作为反应溶剂，合成了单晶的 Ag₂S 量子点，这种量子点的尺寸大约为（10.2±0.4）nm，通过热分解二乙基二硫代氨基甲酸银（Ag（DDTC））水合物所获得，如图 1.8（a）所示。图 1.8（b）是 Ag₂S 量子点的 X 射线衍射（XRD）图，这种 Ag₂S 量子点的带隙为 1.1 eV 并且适合用作近红外发射器。进一步的光学测试表明 Ag₂S 量子点在 920 nm 处展示了一个可辨识的吸收峰，1 058 nm 处展示了一个近红外发射峰。这种 Ag₂S 量子点是无毒的，在生物活体内成像有潜在的应用价值。

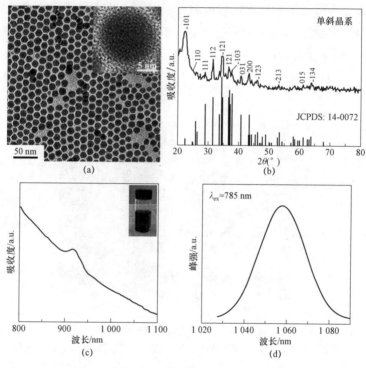

图 1.8　利用热分解方法生长的 Ag₂S 量子点

（a）TEM 图像；（b）XRD 谱；（c）近红外吸收光谱；
（d）Ag₂S 量子点的近红外荧光发光光谱

1.3.5　静电纺丝法

　　静电纺丝是目前唯一一种能够制造直径只有几纳米的连续纤维技术。该技术可用于合成天然聚合物、聚合物合金、纳米粒子、活性剂，以及金属和陶瓷等。采用特殊的静电纺丝方法可以生产出结构复杂的纤维，如芯壳纤维或中空纤维。静电纺丝不仅在大学实验室得到应用，而且在工业上也得到越来越多的应用。其应用范围十分广阔，如光电子材料的制备、传感器技术、催化、过滤和医学等领域。如图 1.9 所示，一个典型的静电纺丝装置包括一个注射器，一个金属针作为喷丝头，一个高压电源和一个收集器。在静电纺丝过程中，聚合物溶液被装入注射器，通过注射泵进入喷丝头，在表面张力的作用下形成垂滴。由于在喷丝头和收集器之间施加高压，悬垂液滴表面的静电斥力会使其伸长并形成泰勒锥。当外加电压增加到一个临界值时，表面斥力会克服表面张力，从而从喷丝头尖端喷射出液体射流。由于表面充满了类似电荷，在此过程中，液体射流被从针尖到收集器的静电斥力不断拉长，导致液体射流的直径减小到几百或几十纳米。在典型的工艺过程中，液体射流中的溶剂会蒸发，固化后的聚合物纤维会形成一个随机定向的无纺布毡。纤维的直径 R 是由制备工艺参数（即流速 Q、电场强度 E、电流 I、电场强度 E），喷丝头的直径，集电极之间的距离（D）和前驱液的密度（ρ）所决定。其关系如公式（1.1）所示：因此，通过调节相关参数，可以控制静电纺纳米纤维的直径。

$$R = (\rho Q^3)1/4 \cdot (2IED\pi^2)^{-1/4} \tag{1.1}$$

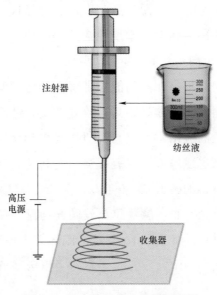

图 1.9 静电纺丝基本装置示意图

由于静电纺丝的通用性，在制备合成高性能金属硫化物类材料时，静电纺丝研究主要集中在对材料进行改性，如将金属硫化物类材料嵌入到纺丝纤维中，以提高其结构稳定性和导电性能。随着静电纺丝在制备结构和成分可控的纳米材料方面的广泛应用，静电纺丝在设计锂离子电池和钠离子电池电极材料方面显示了巨大的潜力。

1.4 金属硫族化物纳米材料的应用

金属硫族化物纳米材料，作为半导体纳米材料中的一个重要组成部分，在生物医学，锂离子电池，太阳能电池等方面都有十分重要的应用。

1.4.1 生物医学

纳米颗粒的尺寸通常比生物体内的红血球、生物细胞等要小得多。因此，纳米技术可以用来对生物体进行细胞染色、细胞分离等。此外，在医学上，利用纳米微粒制成的药物或者各种新型抗体可以对生物体进行局部定向治疗。比如，在癌症高发而且又难以治愈的当代，利用纳米微粒进行细胞分离术可能检查出人体血液中所包含的癌细胞，以达到早期诊断和治疗的目的。此外，在定向治疗时，可以使用磁性纳米粒子作为药物的载体，通过外加磁场的导向作用，使药物能够准确地到达病变部位。金属硫化物中的硫化银、硫化镉、硫化锌等因其有较好的发光性能在生物标记与生物影像方面有比较广泛的应用，并且与有机发光体相比，它们在发光强度，耐光性，以及化学稳定性等方面都有优势。尤其是近年来兴起的近红外发光材料，如 CdTeSe，CdHgTe，CdHgTe/ZnS，CdTe/CdSe，ZnTe/CdSe，PbS 等，它们通过减少荧光背景，解决了自发荧光问题，使其成为活组织中生物医学成像的备选材料。如图 1.10 所示，Kim 等人使用 CdTe（CdSe）核（壳）type II 型近红外（NIR）发光量子点对老鼠与猪的哨位淋巴结进行荧光标记。

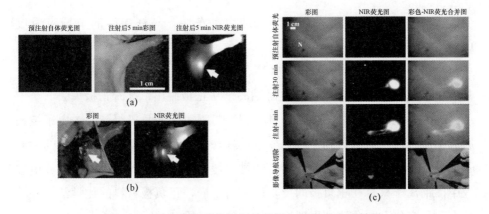

图 1.10 鼠与猪的哨位淋巴结的近红外量子点映射图

（a）在鼠的左爪皮内注射 10 pmol 近红外量子点；（b）再次注入 1% 的异硫蓝且将哨位淋巴结暴露在
空气中 5 min 后，异硫蓝与量子点定位在同样的位置，如箭头所指位置；（c）在猪的右侧
腹股沟处皮内注射 400 pmol 近红外量子点。从上至下展示了四个时间点的影像图

1.4.2 锂、钠离子电池

由于便携式电器的日益发展，对电池的要求也越来越高。锂离子电池具有许多的优势，如能量密度大，平均输出电压高，自放电小，无记忆效应，工作温度范围宽（–20～60 ℃），循环性能优越、可快速充放电、充电效率高达 100%，输出功率大，使用寿命长，不含有毒有害物质等。因此被广泛应用于人们的生产生活当中，是现代高性能电池的代表。而对于锂离子电池来说，电极材料的优劣通常决定了电池的性能。锂离子电池中常用的负极材料是石墨，石墨具有较高的循环稳定性和离子迁移率。近年来，科研人员发现金属硫化物则具有更大的理论比容量和能量密度，对于高能量密度需求的器件具有较多优势。因此，金属硫化物是一种极有潜力的锂离子电池负极材料。

钠离子电池这一概念与锂离子电池几乎同时被提出，两者工作原理相似。与锂电池相比，钠电池的最大优势在于其资源丰富，钠元素约占地壳元素总量的 2.64%，并且获得钠元素的方法比较简单，因此钠离子电池在成本上将更具有优势。虽然在能量密度方面钠电池不及锂电池，但就碳酸锂的价格形势看，钠电池仍具有广泛的应用前景，尤其是在能量密度要求不高的领域，如电网储能、风力发电等储能方面前景广阔。未来钠电池将会逐步取代铅酸类电池，应用于低速电动车中，与锂电池的市场应用形成互补。

钠离子电池在工作原理上与锂离子电池类似，实质上是一种浓度差电池，其工作原理如图1.11所示。充电时钠离子从正极脱出，此时正极失去一个电子经外电路流向负极，钠离子通过电解液与隔膜流向负极得到一个电子被还原成钠原子，然后嵌入到负极。放电过程与充电过程相反，嵌在负极的钠原子失去一个电子成为钠离子，然后通过电解液与隔膜进入正极。在充放电过程中，钠离子只是在正负极间反复嵌入与脱嵌，正负极材料的化学结构并不会有明显变化，因此该过程理论上是一种理想的可逆反应。

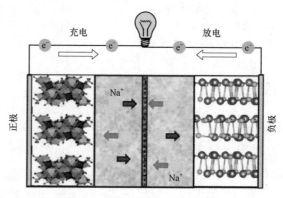

图 1.11　钠电池工作原理示意图

钠离子电池的构造主要包括负极材料、正极材料、电解液、集流体和隔膜五大核心部分。其中，电池的正极材料通常具有较高的对钠电位，目前常用的正极材料包括 $Na_{0.44}MnO_2$、Na_2FePO_4F、$Na_3V_2(PO_4)_3$ 及三元氧化物正极材料等。负极材料中，锂离子电池常用的石墨已经不适合了，这是由于钠离子半径较大，反复穿插将会破坏石墨的层间结构。因此，钠离子电池的负极材料一般为金属化合物类电极与碳基材料的复合，主要包括碳基材料、金属硫化物、金属氧化物、金属硒化物和金属磷化物等转换类材料或合金类材料等。

以金属硫化物 $Sb_2S_3@C$ 做负极材料，$Na_3V_2（PO_4）_3$ 为正极的电池为例，其充放电反应如下：

正极反应：　$Na_3V_2(PO_4)_3 \leftrightarrow Na_3 - xV_2(PO_4)_3 + xNa^+ + xe^-$ 　　　（1.2）

负极反应：　　　$6Na^+ + 6e^- + Sb_2S_3 \leftrightarrow 3Na_2S + 2Sb$ 　　　（1.3）

$$Sb + 3Na^+ + 3e^- \leftrightarrow Na_3Sb \tag{1.4}$$

电池反应：$Na_3V_2(PO_4)_3 + Sb_2S_3 \leftrightarrow Na_3 - 12xV_2(PO_4)_3 + 3Na_{2x}S + 2Na_{3x}Sb$

$$\tag{1.5}$$

1.4.3 多元化合物薄膜太阳能电池

太阳能电池的种类很多，包括硅太阳能电池、染料敏化太阳能电池、多元化合物薄膜太阳能电池等。其中多元化合物薄膜太阳能电池的吸收层主要由Ⅲ-Ⅴ族化合物以及金属硫族化合物构成。砷化镓（GaAs）等Ⅲ-Ⅴ族化合物太阳能电池的转换效率可高达 28%，砷化镓化合物材料具有与太阳光谱十分匹配的光学带隙（1.4 eV）以及较高的吸收效率，较好的辐射稳定性，对热不敏感，因此适合于制作高效率的单结电池。但是由于 GaAs 材料价格昂贵，而且是一种剧毒物质，因而在很大程度上限制了这类电池的普及。金属硫族化合物太阳能电池包括铜铟硒/硫、硫化镉、硒化镉、铜锌锡/硫硒等。硒化镉、硫化镉多晶薄膜太阳能电池的效率比非晶硅薄膜太阳能电池的效率要高，并且成本比单晶硅太阳能电池低，易于大规模生产，但由于镉是剧毒物质，大量使用会造成环境的严重的污染。因此，并不是太阳能电池最理想的候选产品。如图 1.12 所示。

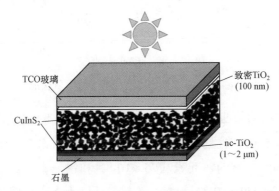

图 1.12 Marian Nanu 等人制作的 CIS 太阳能电池的基本结构图

铜的硫族化物 CuSe，CuS 等，以及它的三元化合物 $CuInSe_2$，$Cu\text{-}GaSe_2$，$CuInS_2$（CIS）与四元化合物 $Cu(In_{1-x}Ga_{1-x})Se_2$，$CuIn(Se_{1-x}S_x)_2$(CIGS)，因其优良的光电学性能引起了人们的广泛关注。其中，Ⅰ-Ⅲ-Ⅵ$_2$ 系列的硫族半导体化合物材料具有合适的太阳光谱匹配带隙，高的光吸收系数和转化效率以及良好的抗辐射稳定性使其成为最有希望的光伏吸收材料。铜铟/镓硒/硫薄膜电池（简称 CIGS）不存在光致衰退问题，适合光电转换，其转换效率可以和多晶硅相媲美。并且还具有价格低廉、工艺简单、性能优良等诸多优点。近年来，吸引了很多科研工作者的关注，他们在这方面做出了许多杰出的工作。但这类电池材料也有不尽如人意的地方，由于铟和硒都是稀有元素，局限了其大规模的发展。图 1.13 是 Marian Nanu 等人制作的 CIS 太阳能电池的基本结构图，其转化效率达到了 5%。而 J.S.Ward 等人做成的 CIGS 电池的效率达到了 21.5%。

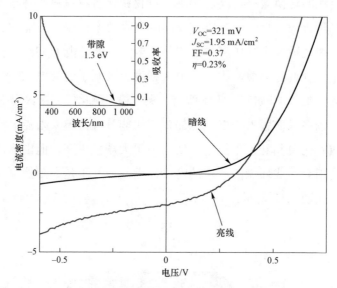

图 1.13　Chet Steinhagen 等人用 CZTS 纳米材料所做成的光伏器件

具有黝锡矿结构的四元化合物 Cu_2ZnSnS_4 和 $Cu_2ZnSnSe_4$（CZTS），其禁带宽度为 1.4～1.5 eV，且具有超过 10^4 cm^{-1} 的光吸收系数，该材料是利用在地壳上蕴含量非常丰富的锌元素（75×10^{-6}）和锡元素（2.2×10^{-6}）替代了 $CuInS_2$ 中的 In（0.049×10^{-6}）元素，该材料还因不含有毒成分而被人们所青睐，成为太阳能电池吸收层的最佳候选材料之一。目前，研究出的此类材料光伏器件的转化效率已经达到了 6.77%（AM1.55G illumination）。然而 Shockley-Queisser 光伏转换效率理论极限表明 CZTS 的理论极限值为 32.2%。因此，这类材料还有很大的发展空间。

1.4.4 传感器

纳米材料具有尺寸小、比表面积大等特点，能够产生载流子的耗尽层，使之在气体传感器的应用方面有重要的前景。当外界环境如光照强度、温度、湿度、气体密度等发生变化时，纳米材料传感器的表面或界面粒子价态和电子输运状态会迅速发生变化，通过外电路转化成电信号或者其他所需形式的信息传输出去。利用纳米材料所制成的传感器，所具有的特点是灵敏度高，响应速度快，选择性好等。许多半导体纳米材料可以被用作气敏传感器，如金属硫族化物中的 Bi_2S_3 纳米线，可用作氢气传感器。

1.5 本书的研究目的和内容

纳米技术被誉为"21 世纪三大科技"之一，它在生物、医药、信息技术、材料等领域的应用将极大地推动人类社会的进步。纳米粒子的调控合成是纳米科技发展的重要组成部分，是探索纳米结构性能及其应用的基础。金属硫族化物纳米材料作为纳米家族中的一个重要组成部分，具有如半导体、光学、催化、电磁及传感等方面的物理化学性质，在石油加氢脱硫工艺、未饱和碳化合物加氢、电子纳米器件的制备等方面有广泛的应用前景。铜的硫族化合物如 $CuInS/Se_2$，Cu-Bi-S 系列，Cu_2ZnSnS/Se_4 等具有与可见光非常匹配的禁带宽度，是新一代柔性太阳能电池窗口层的备选材料。作为一种宽禁带半导体材料，硫化锌在电池组的窗口层、数据储存、数据转换以及紫外光敏感涂层器械领域都有很好的前景。因此，发展常规简便的方法来合成金属硫化物，不仅能精确控制尺寸与形貌而且能很好的控制材料的化学组份，这对于基础研究与实际应用都是非常有吸引力的。另外，研究所合成纳米材料的光电、电化学特性并探讨与其性能变化相关的因素，对于改善与提升材料及器件的性能有促进作用。

本书的主要内容分为三个方面，第一个方面主要介绍了三元以及四元铜基硫族化合物纳米材料的合成以及微结构与基本性能分析，具体如下：

利用水热法可控地制备了同时具有八角形与六角形两种外形的 Cu_9BiS_6

纳米片、CuBiS$_2$纳米线。并且检测与分析了他们的微结构、优先生长面与优先生长方向以及光学带隙。一步水热法合成了具有多层次结构的 Cu$_3$BiS$_3$ 纳米花，通过对其生长机制的探究发现，这种花状结构的形成可归结为一个自腐蚀过程，其参与的可逆反应使得内部的晶核向外生长，并最终形成了多孔结构。这种 Cu$_3$BiS$_3$ 多孔结构的光学带隙大约为 1.2 eV。作为一种新的锂离子电池阳极材料，它的首次放电与充电容量分别为 676 与 564 mA·h/g，初始库伦效率为83.4%。初始放电值要高于二元 Bi$_2$S$_3$ 的理论放电值（625 mA·h/g），而二元 Bi$_2$S$_3$ 正是因为硫元素较高的质量容量以及铋元素很大的体积容量才被用在锂离子电池阳极材料。用湿化学方法合成了四元 Cu$_2$ZnSnS$_4$ 纳米颗粒。这种颗粒直径较小，仅为 10 nm 左右。XRD 确定其晶体结构为四方晶系的锌黄锡矿。SEM 观察确定 Cu$_2$ZnSnS$_4$ 纳米颗粒单分散性较好的，无明显团聚。紫外–可见吸收光谱法测定其光学带隙大约为 1.5 eV。由场诱导光电压谱（简称 FISPS）测量的表面光生电荷性能证实 Cu$_2$ZnSnS$_4$ 纳米颗粒在激发光波长为 630 nm 左右发生明显的光伏响应，与其带隙 1.5 eV 对应，说明光照引起的是一个带带直接跃迁。

第二个方面是采用静电纺丝技术来修饰金属硫化物，以提高其电化学性能。具体内容为：

采用静电纺丝和超声处理两步法制备碳纳米纤维（CNF）修饰 Sb$_2$S$_3$ 的复合材料。分析了所得复合材料的形貌结构、物相组成、元素组成及化合价等。最后把所得材料组装电池并进行倍率、循环与电化学阻抗谱（EIS）测试，分析 Sb$_2$S$_3$ 在经过 CNFs 修饰后电化学性能的改善机理。通过静电纺丝技术将包含双金属离子的前驱体材料嵌入到纺丝液中，再经过后续的碳化与硫化处理得到 CNFs 修饰双金属硫化物复合材料。并将所有样品组成电池进行充放电测试、GITT 与 EIS 测试，探讨所得产物的电化学储钠机制以及各种修饰手段对性能的影响。

第三个方面是利用原位 TEM 技术，研究了金与硒化锌所形成的肖特基结在通过电流自加热作用熔化前后，其微结构的变化情况以及应变对硒化锌纳米线电学与热学性能的影响。具体内容如下：

利用原位自加热方式对金–硒化锌纳米线接触界面进行了合金化处理。结果展示金电极在反向偏置的金–硒化锌接触中原位熔化了，并且硒化锌纳米线的尖端被直径大约为 150 nm 的金颗粒所覆盖。通过原位 TEM 技术研究了应变对 ZnSe 纳米线中载流容量的影响。在 TEM 的观察下，使用一个可移动的探针电极在纳米线轴向施加压缩应力，能够在单根 ZnSe 纳米线中的选定区域产生应变。仔细操作可移动探针电极，通过控制 ZnSe 纳米线的弯曲程度来控制应变量的大小。单根 ZnSe 纳米线的原位热稳定性实验表明应变能够提高其热稳定性。由于应变可以提高纳米线的电导率与热阻，因此，通过引入应变可以提高 ZnSe 纳米线的载流容量。

本书所介绍的这些研究结果对于发展多元硫化物纳米材料的低成本制备技术具有重要意义，同时为进一步设计、制备基于高性能多元硫化物纳米材料的光电器件提供了重要的科学依据。

第2章

两种不同组份的 $Cu_2S-Bi_2S_3$ 纳米结构的可控制备及其微结构的研究

2.1 引 言

三元的金属硫化物材料 I -Ⅲ-Ⅵ$_2$，比如 $CuInS_2$ 和 $CuInSe_2$ 等，他们的带隙范围为 $0.9 \sim 1.9$ eV，由于其在薄膜光伏器件的吸收层方面具有良好的应用前景，近年来吸引了很多科研工作者的关注。但是由于铟是一种相对稀有的元素，因而限制了铜铟硫或铜铟硒作为太阳能电池吸收层的大规模发展。因此，发展新的半导体材料来取代这种稀有材料具有很大的必要性。与铟相比，铋是一种地球上含量丰富的元素。并且铜铋硫与铜铟硫等有相近的禁带宽度以及电学性能，因此是一种较好的替代品。到目前为止，有许多关于合成 Cu_3BiS_3，$Cu_4Bi_4S_9$，以及 $CuBiS_2$ 纳米结构，包括纳米线，纳米棒，纳米带的报道。但是由于 Cu-Bi-S 体系通过调整化学计量比，可以形成 13 种不同的结构，而且这个体系中材料的物理和化学性能与其形貌、尺寸、组分等密切相关。因此，合成并探究这些不同结构的形成机理、微结构以及光电学性能也是一个具有吸引力的研究领域。

$Cu_2S-Bi_2S_3$ 系列化合物是属于 Cu-Bi-S 体系中的一部分，这一类化合物的主要特点是，形成化合物的键只有 Cu-S 键与 Bi-S 键，其中的金属原子之间没有键相连，并且在结构上金属原子不能同时占据相邻的位置。$Cu_2S-Bi_2S_3$ 系列化合物主要有以下几种，Cu_3BiS_3，$CuBiS_2$，Cu_9BiS_6，$CuBi_3S_5$，$Cu_3Bi_5S_9$，$CuBi_5S_8$ 等。这些化合物具有不同的化学计量比，可以通过控制反应物中阳离子的含量和比例来控制合成不同的产品。但是最终产物除了与阳离子的量密切相关外，还与具体的反应条件（如反应温度、压强、溶剂、表面活性剂等）有重要联系，因为不同的产品的成相条件不一样。

　　本章通过改变反应溶剂以及表面活性剂的方法可控地合成了 Cu_9BiS_6 纳米片以及 $CuBiS_2$ 纳米线，通过 XRD、EDX 确定了产物的相与成分。并利用 SEM、TEM 对他们的形貌、微结构以及生长方向等进行了表征与分析。同时还利用紫外–可见分光光度计测量了它们的光学禁带宽度。

2.2　实验部分

2.2.1　样品合成

　　实验中用到的所有试剂，包括 CuCl，$CuCl_2 \cdot 2H_2O$，$BiCl_3$，硫粉，硫脲，聚乙二醇 1 000（PEG–1000），甘油都是商业成品，分析纯的酒精也是用到的原装商品。

2.2.1.1　Cu_9BiS_6 纳米片的合成

　　CuCl（0.446 g），$BiCl_3$（0.158 0 g）（按照化学计量比为 9:1）以及 PEG–1000（1.0 g）溶解到 60 mL 去离子水中，此时 PEG–1000 作为配合剂。充分搅拌 30 min 后，将 0.096 g 硫粉直接加入溶液中。然后将全部混合溶液倒入一个 100 mL 的带有聚氟乙烯内衬的不锈钢反应釜中。将反应釜密封后置于 180 ℃ 的恒温箱中反应 18 h，然后让其自然冷却至室温。生成的产品通过离心收集，用去离子水与酒精分别清洗三遍。最后将产物放置在 60 ℃的真空中干燥 8 h。

2.2.1.2　$CuBiS_2$ 纳米线的合成

　　将 0.190 g 硫脲放入烧杯中，并加入 10 mL 无水乙醇，充分搅拌后使其完全溶解。在第二个烧杯中加入 0.256 g $CuCl_2 \cdot 2H_2O$ 以及 0.160 g $BiCl_3$，并量取 30 mL 无水乙醇以及 50 mL 甘油倒入烧杯中，充分搅拌使之混合均匀。接着用滴管将硫脲溶液逐渐加入到第二个烧杯中，搅拌均匀后，使其置于

70 ℃的恒温水浴中，并保持 1 h。之后将整个溶液倒入 100 mL 的带有聚氟乙烯内衬的不锈钢反应釜中。将反应釜密封后置于 180 ℃的恒温箱中反应 12 h，然后让其自然冷却至室温。清洗过程与 Cu_9BiS_6 纳米片类似。

2.2.2 样品表征

X 射线衍射仪（XRD，Siemens D－5000，and Cu Ka，$\lambda = 1.540\ 5$ Å）被用来表征样品的晶体结构。场发射扫描电镜（FE-SEM，model S－4800）用来观察样品的形貌。透射电子显微镜（TEM，model JEOL－2010）用来观察样品的形貌与微结构。样品成份用配备在扫描电镜上的电子能谱仪（EDX）进行分析。紫外－可见－近红外吸收光谱对样品的光学性质进行了表征，吸收光谱的测量范围为 300～1 100 nm，仪器是 PE Lambda 750 UV 分光光度计。

2.3 结果与讨论

2.3.1 样品的形貌与微结构分析

2.3.1.1 样品的形貌以及成分的确定

Cu_2S-Bi_2S_3 系列化合物在结晶生长过程中，可以通过控制所加入金属的化学计量比来控制其最终产物。本章主要合成了两种不同组份的 Cu_2S-Bi_2S_3 化合物。当反应物溶液中铜离子与铋离子的比为 9:1，并且溶液中有足够的硫元素时，在一定的反应条件下，所生成的产物为 Cu_9BiS_6。产物的尺寸与形貌由具体的反应条件决定，如反应温度，压强，反应时间以及溶剂、表面活性剂、硫源等。当以 PEG 作为表面活性剂，水作为溶剂时，得到的产物为 Cu_9BiS_6 纳米片。样品的形貌通过 SEM 表征，如图 2.1 所示是 Cu_9BiS_6 纳米片的 SEM 图。其中图 2.1 是样品的概览图，从图中可以看出样品由许多片状纳米结构组成，这些片状结构尺寸比较均匀，直径大约为 400 nm。从图 2.1（b）可以看出这些纳米片的表面非常光滑，厚度大约为 40 nm。高倍率的 SEM 检测发现，这种 Cu_9BiS_6 纳米片包含两种不同的形貌，一种是六角片状结构，如图 2.1（c）所示，另外一种是八角片状，即图 2.1（d）中所显示的形貌，这与文献中报道的 Cu_9BiS_6 具有同质多形性相吻合。为了证实样品中所合成的产物确实为 Cu_9BiS_6，本章对样品进行了 XRD 与 EDX 表征。

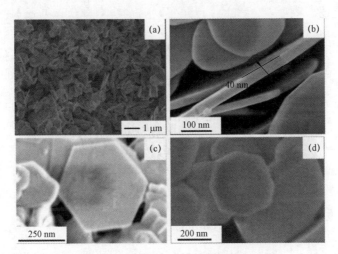

图 2.1　Cu_9BiS_6 纳米片的 SEM 图像

（a）所合成样品的概貌；（b）纳米片的厚度大约为 40 nm；

（c）六边形纳米片；（d）八边形纳米片

图 2.2 为 Cu_9BiS_6 纳米片的 X 射线衍射（XRD）图。图中可以看到六个比较明显的衍射峰。这些衍射峰的位置与面心立方的 Cu_9BiS_6 一致，对应的

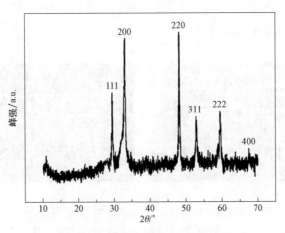

图 2.2　Cu_9BiS_6 纳米片的 XRD 谱

晶格常数为 $a=5.563$ Å，以及对应的空间群为 *Fm3m*。图 2.3 展示的是样品的 EDX 谱，此时选择的是具有光滑表面的纳米片，六角形的纳米片与八角形的纳米片的 EDX 谱一致。从图中可以看出，样品中有且仅有铜、铋、硫三种元素。因此，进一步证实了所合成的样品为三元的 Cu_9BiS_6。而不是二元的硫化铜或者硫化铋。

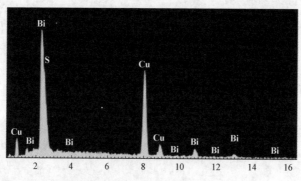

图 2.3　Cu_9BiS_6 纳米片的 EDX 谱

当反应物溶液中所加入的铜离子与铋离子的比为 1:1，并且使用乙醇和甘油作为混合溶剂，使用硫脲作为硫源时，同样置于 180 ℃ 的恒温箱中反应后，所生成的产物则为 $CuBiS_2$ 纳米线。对于这种 $CuBiS_2$ 纳米线，它们的大体形貌如图 2.4 所示，从低倍的 SEM 图像 [图 2.4（a）] 可以发现，样品由许多纳米线状结构组成，没有出现其他不同的形貌，这些纳米线的尺寸不是特别均一，直径大约为 100～200 nm。这一点从高倍率的 SEM 图像中可以进一步地观察到，如图 2.4（b）所示。

(a)　　　　　　　　　　　　　(b)

图 2.4　$CuBiS_2$ 复合纳米线的 SEM 图像

（a）低分辨的 SEM 图像；（b）高分辨的 SEM 图像

　　为了确定样品的成分，也测量了其 XRD 谱与 EDX 谱。如图 2.5 所示为 $CuBiS_2$ 纳米线的 XRD 谱。该衍射谱与正交晶系的 $CuBiS_2$ 一致（PDF number：10−474，空间群为 Pnam）。具体晶面指数如图 2.5 所示。通过对其进行 EDX 表征（图 2.6 所示），进一步确认了该样品中仅包含铜、铋、硫三种元素，且铜、铋、硫三种元素的原子比为接近于 1:1:2。

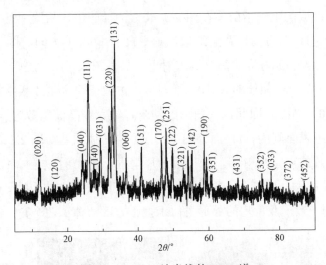

图 2.5 $CuBiS_2$ 纳米线的 XRD 谱

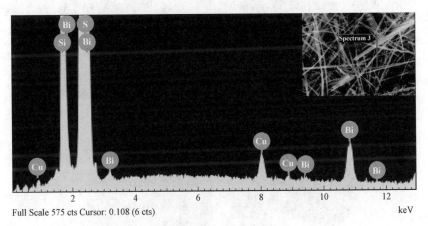

图 2.6 $CuBiS_2$ 复合纳米线的 EDX 谱

2.3.1.2 样品的 TEM

　　为了进一步分析样品的微结构，本章对样品进行了 TEM 表征。由 Cu_9BiS_6

纳米片的 TEM 图像（图 2.7）可知，本实验所合成的 Cu_9BiS_6 纳米材料具有六角形和八角形两种不同形貌，这两种形貌的纳米片无论六角形的还是八角形的都具有单晶特性，这一点可以从图 2.7（b）与图 2.7（d）中的电子衍射图（ED）可以看出来，两个样品都只有一套清晰的衍射斑点。这两种形貌纳米片的生长特征可以通过电子衍射和高分辨像进行解析。与图 2.7（a）中六角纳米片相对应的电子衍射图在图 2.7（b）的插图中，从图中可见，六角纳米片垂直于［111］方向，八角纳米片则垂直于［001］方向。图 2.7（b）表示的则是与 2.7（a）对应的高分辨透射电子显微图像（HRTEM），0.32 nm 的晶面间距与 Cu_9BiS_6 晶体的（110）面对应，由此证明六角片状结构的六条边平行于（110）晶面。因此，六角形的纳米片被六个晶面指数为{110}的侧面所包围，上下表面则为{111}面。图 2.7（d）中的插图是与图 2.7（c）相对应的八角纳米片的电子衍射图，这种八角片垂直于［001］方向。HRTEM［图 2.7（d）］所展示的 0.56 nm 的晶面间距与具有面心立方结构的 Cu_9BiS_6 晶体的（100）面一致。八角片的外形类似于把正方形切掉了四个角。（100）面的

图 2.7　Cu_9BiS_6 纳米片的 TEM 图像

（a）六边形的纳米片，晶面指数标示在左上角的插图中；（b）六角片的 HRTEM 图像，
插图是对应的选区电子衍射图；（c）八边形的纳米片，晶面指数标示在左上角的插图中；
（d）八角片的 HRTEM 图像，插图是对应的选区电子衍射图

等效邻面为 {220} 面。因此，八角形的八个侧面分别对应四个 {100} 以及四个 {110} 面。这种八角与六角纳米片有比较大的比表面积，在应用到器件中时，有利于改进显示与光伏器件的性能。

图 2.8 展示的是 $CuBiS_2$ 纳米线的 TEM 以及电子衍射图像。其中 2.8（a）为样品的低倍率 TEM 图像，从图中可以看出纳米线的直径大约为 175 nm；图 2.8（b）则展示了与图（a）中对应样品的高分辨 TEM 图像，图中显示，样品的晶格条纹非常清晰，显示了样品良好的结晶性能；图 2.8（c）展示的则是样品对应的电子衍射花样图，图中有一套清晰可见的衍射斑点，表明样品只有一种单一相结构，是一种结晶性良好的单晶体，对这种相结构进行分析发现，该结构与 $CuBiS_2$ 的微结构相吻合，纳米线沿着 $CuBiS_2$ 的（001）方向生长，且晶面间距为 0.613 nm。

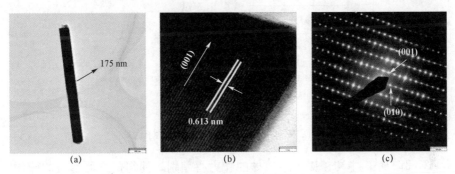

图 2.8　$CuBiS_2$ 纳米线的 TEM 图像和电子衍射图

Cu-Bi-S 系列化合物之所以能够形成多种组分的结构，这与它们内部原子的排列规则有直接的联系。这是因为硫的化合物有形成长硫链 $-Sn-$ 的习惯，目前已报道的大部分 Cu-Bi-S 系列化合物都具有长硫链结构。硫原子在空间构建一个网络，然后在硫原子形成的网络中插入不同的金属原子，这些金属原子排列方式发生变化时，可以形成不同的重复周期。对于 $Cu_2S-Bi_2S_3$ 体系中的各种组份，它们可以看作是铜与硫先发生化学反应，形成一个 Cu_2S 网络，然后在 Cu_2S 网络中插入 Bi 原子。Cu_2S（chalcocite）具有三种同质异形体，β-chalcocite 与 γ-chalcocite 的结构是硫原子形成一个六角密排的空间网络结构，铜原子占据其中的四面体与三角形的中间位置。而对于 α-chalcocite 结构来说，硫原子在空间形成的是立方密排的结构，铜原子占据四面体的空隙。

本章中所合成的 Cu_9BiS_6，它属于 Cu_2S-Bi_2S_3 体系中的一员，它的晶胞结构如图 2.9 所示，通过分析它的晶体结构可知，它的空间网络结构与 α 相的 Cu_2S 类似，Cu 原子分布在四面体的空隙中。但是在硫所形成的空间网络中，除了立方体的八个面外，已经没有其他的地方来容纳较大体积的 Bi 原子。Cu 原子与 Bi 原子之间的距离太短，无法成键，因此，Bi 原子与 Cu 原子不能同时占据相邻的位置，只能在硫原子形成的网络空间中按照统计概率分布。这种现象在其他 Cu_2S-Bi_2S_3 体系中也可以观察得到。这种按统计概率分布的结构不仅短程有序，而且也可以达到长程有序。

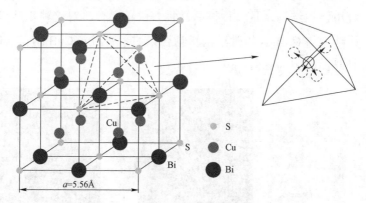

图 2.9　Cu_9BiS_6 的晶胞结构示意图

　　不同阳离子进入 S 原子多面体的能力有差别，使得最终所形成的硫化物的组分和结构发生变化，这种变化与阳离子的种类和浓度有关。在恒定的热力学条件下，溶液中高浓度阳离子进入最终产物的数量会相对多些。因此调整含金属化学试剂的比例对形成不同组分的 Cu_2S-Bi_2S_3 系列化合物有重要的影响。如本章中在合成 Cu_9BiS_6 纳米片时所加入的 CuCl（0.446 g）与 $BiCl_3$（0.158 0 g），其阳离子数按照化学计量比为 9:1。当我们将 Cu 离子与 Bi 离子的化学计量比改为 1:1 时，在一定的热力学状态下所得到的产物为 $CuBiS_2$。$CuBiS_2$ 也是 Cu_2S-Bi_2S_3 体系中的一员，它的晶胞结构如图 2.10 所示。从图中可见，Cu 原子与 Bi 原子也不能同时占据相邻的位置，即它们之间不能成键。该结构的框架主要由正方棱锥的 BiS_5 与四面体的 CuS_4 构成，图中的实线为 Bi-S 键，虚线为 Cu-S 键。晶体结构的投影平行于（010）方向。

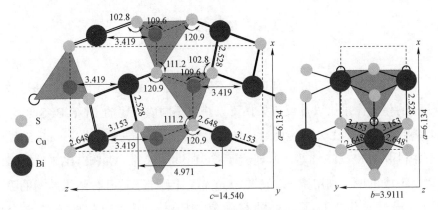

图 2.10　$CuBiS_2$ 的晶胞结构示意图

2.3.2　样品的带隙

根据文献中的报道，Cu-Bi-S 系列化合物的禁带宽度与太阳光谱非常匹配，是一种潜在的光伏材料，因此本书也对所合成的样品的光学带隙进行了分析。图 2.11 所表示的是由吸收光谱所转化而来的两种样品的 $[F(R)hv]^2$ – Energy 图，吸收光谱的测量范围为 300～900 nm。通过拟合图中的直线部分，可以得出 Cu_9BiS_6 纳米片的带隙大约为 1.25 eV（如图 2.11（a）所示），而 $CuBiS_2$ 纳米线的带隙大约为 1.1 eV（如图 2.11（b）所示）。

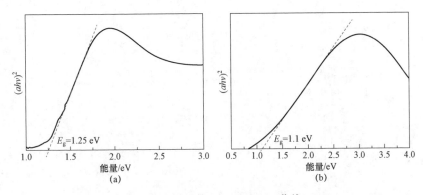

图 2.11　样品的 $[F(R)hv]^2$ – hv 曲线

（a）Cu_9BiS_6 纳米片带隙 $E_g = 1.25$ eV；（b）$CuBiS_2$ 纳米线带隙 $E_g = 1.1$ eV

2.4 本章小结

本章用溶剂热法合成了几种形貌不同的 Cu_2S-Bi_2S_3 纳米结构，通过改变阳离子的化学计量比以及反应条件可以获得不同成分比的 Cu_2S-Bi_2S_3 纳米材料。利用 XRD 与 EDX 确定所合成的样品为 Cu_9BiS_6 纳米片以及 $CuBiS_2$ 纳米线。并利用 SEM、TEM 等工具研究了 Cu_9BiS_6 纳米片、$CuBiS_2$ 纳米线的微结构以及形成机理。利用紫外 – 可见分光光度计测定了这几种纳米结构的吸收光谱，通过转化得出了它们的带隙值。因此，寻求可控的方法来合成 Cu_2S-Bi_2S_3 系列纳米材料可以达到调节半导体纳米材料的形貌、结构以及禁带宽度的目的，使之在应用到器件中时能满足人们不同的需求。

第 3 章

级次结构 Cu₃BiS₃ 纳米花的制备及电化学性能研究

级次结构 Cu_3BiS_3 纳米花的制备及电化学性能研究

3.1 引　言

  介孔纳米材料具有很大的比表面积，实际上使其维度从块体材料降低到了纳米级别。半导体介孔材料在催化、电子、能量转换与储存以及磁学等方面都有广泛的应用。尤其值得一提的是，介孔结构能够改善锂离子电池中正极材料的电化学性能，因为介孔结构增加了活性材料与电解液的接触面积。另外，介孔能够为容积的变化提供一个缓冲的空间，这是锂电池能够保持较好的循环效率的一个很重要的因素。

  近年来，多元铜基硫族化物（CMBC）如 $CuInS/Se_2$、Cu-Bi-S 以及 Cu_2ZnSnS_4/Se_4 等，因为它们在与能量相关的器件方面的应用吸引了人们大量的注意力。作为 CMBC 家族中的一个重要成员，Cu-Bi-S 系列合金通过调整三种组成成分的化学计量比有十三种不同结构，这十三种不同的结构在常温下都能够稳定存在，它们都是由地球上含量丰富且价格相对低廉的元素组成。因此，这些都成为了人们研究这类材料的动力。最近，Li 的研究小组成功合成了 $Cu_4Bi_4S_9$ 纳米带，并且他们发现这种材料在整个可见区范围内都有很强的光伏响应，这种性能与当前应用得最广的太阳能电池材料硅具有可比性。Gerein 和他的合作者报道的一种薄膜光伏器件利用 Cu_3BiS_3 作为吸收层，展现了良好的光伏性能。另外，Cu_3BiS_3 纳米线，Cu_9BiS_6 纳米盘等都在全世界科研工作者的考虑范围之内。然而，据我们所知，对于介孔尺度的 Cu-Bi-S 系列合金，目前还没有相关的报道。

到目前为止，关于合成与设计二元铜与铋的硫化物作为锂离子嵌入电极在能量密度方面已经取得了很多的进步。例如，Jung 和他的合作小组开发了一种基于铋的锂离子二次电池，这种电池使用 Bi_2S_3 纳米材料作为电极材料。Bi_2S_3/C 纳米混合物电极展示了优越的电化学性能。在循环了 100 个回合之后还有 500 mA·h/g 的容量，容量保留率达到了 85%。Park 等人研究了氧化铜纳米结构与形貌密切相关的电化学性能。具有刺猬状纳米结构的电极能够稳定循环充放电 50 个回合以上且电化学容量大于 560 mA·h/g。Chen 等人报道了多晶 CuO 纳米线电极的初始可逆电化学容量为 720 mA·h/g，并且在循环 100 回合之后还有 650 mA·h/g。

在本章的工作中，介绍了一种花状 Cu_3BiS_3 级次纳米结构的水热合成。这种花状级次结构是通过原位腐蚀 Cu_3BiS_3 微米球所获得的，该纳米结构的光学带隙大约为 1.2 eV。作为一种新的锂离子电池负极材料，它的首次放电与充电容量分别为 676 与 564 mA·h/g，初始库伦效率为 83.4%。尽管这个数值比当前已经发展成熟的锂电池负极材料要低，如 SnO_2 基负极材料，但是它的初始放电值要高于二元 Bi_2S_3 的理论放电值（625 mA·h/g），而二元 Bi_2S_3 正是因为硫元素较高的质量容量以及铋元素很大的体积容量才被用在锂离子电池阳极材料。

3.2　实验部分

3.2.1　Cu_3BiS_3 纳米花的合成

实验中用到的所有试剂，包括 $CuCl_2·2H_2O$，$BiCl_3$，thiourea（Tu）都是商业产品。分析纯的酒精也是用到的原装商品。$CuCl_2·2H_2O$（0.427 6 g），$BiCl_3$（0.157 0 g）（按照化学计量比为 3:1）溶解到 35 mL 酒精与 50 mL 甘油的混合溶剂中，充分搅拌 20 min。将 0.38 g 硫脲直接加入溶液中。然后将全部混合溶液倒入一个 100 mL 的带有聚氟乙烯内衬的不锈钢反应釜中。将反应釜密封后置于 180 ℃的恒温箱中反应 12 h，然后让其自然冷却至室温。生成的产品通过离心收集，用去离子水与酒精分别清洗三遍。最后将产物放置在 60 ℃的真空中干燥 6 h。

3.2.2　Cu₃BiS₃纳米花的表征

通过 X 射线衍射（XRD，Siemens D-5000，and Cu Ka，$\lambda=1.541\,78$ Å）图来分析已合成产品的晶体结构。产品的最终形貌与微结构则使用场发射扫描电子显微镜（FE-SEM，model S-4800，工作电压为 5 kV）以及透射电子显微镜（TEM，model JEOL-2010，工作电压为 200 kV）来表征。利用 SEM 所配备的能量弥散 X 射线分光仪来检测产品的成分。光学漫反射测量则是在室温下利用配备了积分球的 PE Lambda 750 UV 分光光度计来测量的，测量的波长范围为 300～1 400 nm。氮气的吸附-脱附测量是在 77.35 K 的条件下进行的，使用的仪器是 Micromeritics Tristar 3 000 analyzer。样品的表面积测试（Brunauer-Emmett-Teller，BET）是通过吸附数据估算出来的。样品的比表面积（SBET）是根据下面的多点 BET 程序获得的。孔径分布曲线使用的是 BJH（Barett-Joyner-Halenda）方法。

电池包括电极，隔离物，电解液以及作为极板的锂箔都是在一个充满氩气的手套箱里组装的。电解液的组成成分是 1 M LiPF6 与碳酸次乙酯（EC），dimethyl carbonate（DMC）以及碳酸二乙酯（DEC）按照体积比为 1:1:1 混合而成的溶液。电化学测试使用的是 Arbin BT2000 测试系统，电流密度为 100 mA/g，放电时的切断电势为 0 V，充电时为 2 V。

3.3　结果与讨论

3.3.1　Cu₃BiS₃纳米花的 XRD 与 EDX

图 3.1 展示的是样品的 XRD 图。所有的衍射峰都与立方相结构的 Cu₃BiS₃ 相符合。（空间群为 P212121，$a=7.723$ Å，$b=10.395$ Å，$c=6.716$ Å，JCPDS file no.71-2115）。样品的成分则通过 EDX 谱来分辨，如图 3.2 所示。从图中

可见，样品只包含铜、铋、硫三种元素，并且这三种元素的原子比为 42:12:44，非常接近 Cu_3BiS_3 的化学计量比。以上的数据结果表明所合成的样品是纯相的 Cu_3BiS_3。

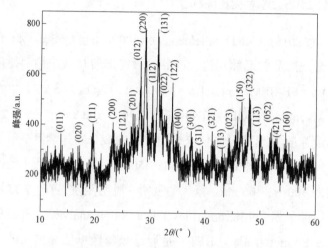

图 3.1　Cu_3BiS_3 纳米花的 XRD 图

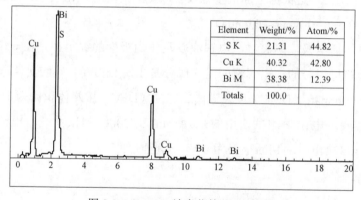

图 3.2　Cu_3BiS_3 纳米花的 EDX 能谱

3.3.2　Cu_3BiS_3 纳米花的形貌与微结构

通过 SEM 图像可以观察所合成样品的形貌。图 3.3（a）展示的是样品的 SEM 图像。从图中可以清楚地发现，样品由许多花状球形结构组成，这些球的直径大约为 4～10 μm。通过高分辨的 SEM 图［图 3.3（b）］可以发现，这种球形结构是由许多二维纳米片交叉叠加而成，这些交叉叠加的纳米片中有许多不规则的孔径，因而构成了一种多层次结构。

为了进一步研究 Cu$_3$BiS$_3$ 多层次结构的形貌以及微结构，本书还分别对其进行了透射电子显微表征（TEM）以及高分辨透射电子显微（HRTEM）表征。图 3.3（c）展示的是从这种多层次纳米结构中取下的一个片状结构的透射电子显微图像，从图中可见，片状结构上分布着许多小孔，这些小孔进一步增大了这种多层次结构的比表面积，使其更接近于介孔材料。分析图 3.3（c）中纳米片的高分辨透射电子显微图像［如图 3.3（d）］可知，样品的结晶性很好，晶格条纹非常清晰，并且只有一种周期性结构。与纳米片垂直的两组晶面为（102）与（131）面，这两组晶面族所对应的晶面间距分别为 0.3 nm 与 0.28 nm，这两组晶面之间形成的夹角为 57.4°。图 3.3（d）中右下角的傅里叶变换展示了一套清晰的衍射斑点，进一步证实了组成 Cu$_3$BiS$_3$ 多层次纳米结构的片状体具有单晶特性。

图 3.3　花状 Cu$_3$BiS$_3$ 级次结构的形貌与微结构

（a）低倍的 SEM 图像；（b）样品的高倍 TEM 图像；（c）级次结构中的一个片状物的 TEM 图像；
（d）HRTEM 图像，插图中是对应的傅里叶变换图

3.3.3　Cu_3BiS_3 纳米花的生长机理

尽管这种 Cu_3BiS_3 级次纳米结构的具体生长机理还正在进一步的探索之中，但毫无疑问的是 Bi^{3+}，Cu^{2+} 以及硫脲三者之间的协作关系是非常重要的。因此，本书提出了一种比较合理的机制来解释这种 Cu_3BiS_3 级次纳米结构的生长过程。如图 3.4 所示。本书将这种级次纳米结构的整个生长过程分为两个阶段，分别是高反应物浓度阶段与低反应物浓度阶段。在第一阶段，存在于硫脲分子中的官能团 $-NH_2$ 有很强的与无机阳离子配合的趋势。因此，Cu^{2+} 与 Bi^{3+} 能够与硫脲（Tu）分子在溶液中配合形成 Cu-Tu 和 Bi-Tu 复合体。然而，随着温度的升高，Cu-Tu 与 Bi-Tu 复合体的稳定性逐渐下降，最终经历了热分解过程。此时，复合体在分解的过程中所形成的 S^{2-} 会与金属阳离子形成稳定的无定形 Cu_3BiS_3 原始颗粒，不稳定的配合基逐渐消失，生成如前一章所述的 Cu-S，Bi-S 键。在立方相的 Cu_3BiS_3 结构中，S 是四面体结构，能够与三个铜原子以及一个铋原子配合。接着，无定形粒子聚集到一起形成球状结构，因为比起其他任何几何形貌来说，球状结构具有最低的表面能。这样一个生长过程与以前的报道一致，都涉及一个无定形原始粒子的快速成核过程，以及接下来较慢的聚集结晶过程。第二个生长阶段主宰了晶体的最终形貌，主要是通过动力学以及热动力学之间的一些细微平衡所实现的。在这个阶段，整个的化学反应速率都比前面要慢，因为化学反应物的浓度降低了，直到最终达到化学平衡。在平衡状态下，化学可逆反应（方程（4））对花状多层次纳米结构的形成起关键作用：硫脲与 $CuCl_2 \cdot 2H_2O$ 中的水分子反应产生 NH_3，CO_2 以及 H_2S 气体。这些在反应过程中产生的气体在扩散过程中又会加入方程（3.4）中的可逆反应，因而导致微米球中内部的纳米颗粒溶解，并在外表面再次结晶，使得生长过程向外部发展，这样就会产生许多连通微米球内部与外部空间的通道。从而可以在微米球表面观察到许多不同导向的纳米片状结构，这些片状结构构成了微米球的骨干部分。随着反应的继续，不仅会有更多的片状结构产生，而且连这些片状结构的表面也会产生许多的小孔，由此形成了本书所观察到的多层次 Cu_3BiS_3 花状纳米结构。

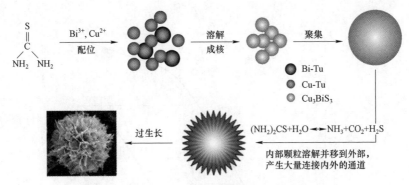

图 3.4　花状 Cu₃BiS₃ 级次结构的生长机理示意图

文章中所涉及的具体的化学反应方程式可归纳为如下：

$$CuCl_2 + Tu \rightarrow Cu - Tu \qquad (3.1)$$

$$BiCl_3 + Tu \rightarrow Bi - Tu \qquad (3.2)$$

$$Cu - Tu + Bi - Tu \rightarrow Cu_3BiS_3 \qquad (3.3)$$

$$NH_2CSNH_2 + H_2O \longleftrightarrow NH_3 + CO_2 + H_2S \qquad (3.4)$$

从以上的方程中可见，在合成多层次 Cu₃BiS₃ 花状纳米结构时，所参与的化学反应都非常简单：没有昂贵或者稀有元素的参与，也无须催化剂或者有机模板，更不包括任何苛刻的反应条件，并且所有的反应物都能在作为溶剂的酒精中溶解。因此，这个实验过程不仅容易操作，而且对于大规模生产形貌可控的多层次纳米结构也容易实现。

3.3.4　Cu₃BiS₃ 纳米花的反射光谱与带隙

根据以前的报道，Cu₃BiS₃ 是一种禁戒的直接跃迁半导体。因此，多层次纳米结构的 Cu₃BiS₃ 的带隙可由以下的公式推导出来：

$$F(R)^{2/3} \propto h\nu \qquad (3.5)$$

式中，$F(R)$ 是 Kubelka-Munk 函数，R 与 $h\nu$ 分别是反射系数与光子能量。本章测量了 Cu₃BiS₃ 多层次纳米结构的漫反射光谱图（如图 3.5 所示），通过公式（3.5）转换后，（如图 3.5 中的插图所示）拟合 $(ah\nu)^{2/3}$ – 光子能量图中的直线部分，结果表明多层次 Cu₃BiS₃ 纳米结构的光学带隙约为 1.20 eV，这个数值与文献中报道的（1.2±0.1）eV 一致。

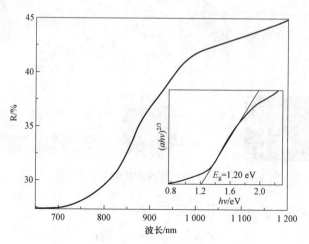

图 3.5 花状 Cu_3BiS_3 级次结构的吸收光谱图

3.3.5 Cu_3BiS_3 纳米花的孔径分析

鉴于对多层次 Cu_3BiS_3 纳米花的形貌分析发现，所合成的微米球是一种多孔材料。为了更进一步探究这些孔隙的大小。氮气的吸附 – 脱附曲线用来探究这种多层次 Cu_3BiS_3 纳米结构的孔径分布。如图 3.6（a）所示，红色的为脱附曲线，黑色为吸附曲线，p/p_0 在 0.6～1.0 的范围内，产品展示的是 type Ⅳ 型等温线。从图 3.6（b）的孔径分布曲线可见，所合成的 Cu_3BiS_3 纳米材料中有大量的孔隙存在，这些孔隙中既有介孔又有微孔。在介孔范围有两个尖峰，分别是 2.3 nm 与 3.5 nm，说明样品中存在大量这两种直径的介孔。这些介孔主要出现在 Cu_3BiS_3 纳米片状结构的内部，是晶体在最后的生长过程中所产生的。另外一些更大的孔径分布在 10～100 nm 之间，是 Cu_3BiS_3 级次纳米结构中片状结构交叉叠加部分所构成的空隙。通过定量计算结果表明这种 Cu_3BiS_3 级次纳米结构的比表面积为 16.9 $m^2 \cdot g^{-1}$，孔隙容积为 0.091 $cm^3 \cdot g^{-1}$。由此证明本书所合成的 Cu_3BiS_3 级次纳米结构具有较大的比表面积，是一种多孔材料。

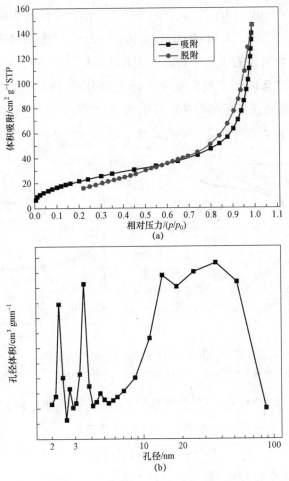

图 3.6　Cu$_3$BiS$_3$ 级次结构的孔径分析
（a）氮气吸附－脱附曲线；（b）对应的孔径分布曲线

3.3.6　Cu$_3$BiS$_3$ 纳米花的电化学性能

　　花状的 Cu$_3$BiS$_3$ 具有多孔结构，有利于电解液的扩散以及锂离子的嵌入与脱嵌。因此，我们研究了这种纳米材料作为锂离子电池负极材料的电化学性能。图 3.7 展示的就是以花状的 Cu$_3$BiS$_3$ 作电极材料，在 0～2 V 的电位范围内，以 100 mA · g^{-1} 的电流密度进行充放电测试的充放电曲线图。Cu$_3$BiS$_3$ 电极材料的首次放电容量为 676 mA · h · g^{-1}。首次充电容量为 564 mA · h · g^{-1}。因此其初始库伦效率为 83.4%。Cu$_3$BiS$_3$ 电极材料的首次放电值要高于 Bi$_2$S$_3$ 的理论放电容量（625 mA·h/g）。首次循环过程中所产生的较大的不可逆容量与活性物质表面的 SEI（solid-electrolyte interphase）膜的形成有关。首次放电曲线展示了三个明显的电压平台，分别是 1.6 V，1.4 V 和 0.75 V 的时候。1.4 V 的时候电势降低主要是由于不可逆的分解反应所引起的。1.6 V 与 0.75 V 的电压平台在后面的循环过程中移动到了 1.65 V 与 0.7 V 的位置。另外，0.9 V 与 1.8 V 的两个充电平台从第 1 到第 50 个回合都是恒定的。

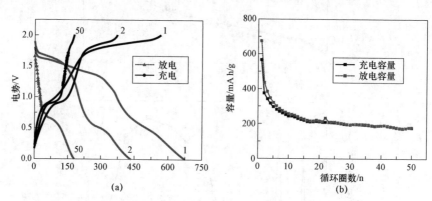

图 3.7　花状 Cu₃BiS₃ 纳米结构的电化学性能

（a）　电极的充放电曲线；（b）循环曲线，此时电流密度为 100 mA g⁻¹

根据 Jung 等人的报道，我们推导了 Cu₃BiS₃ 作电极材料所发生的化学反应过程，铋在放电过程中主要参与了以下化学反应：

$$Bi^{3+} + 6\ Li \rightarrow 6\ Li^{1+} + Bi^{3-} \tag{3.6}$$

铜参与的化学反应如下：

$$Cu^{1+} + Li \rightarrow Li^{1+} + Cu \tag{3.7}$$

因此整个反应过程可以写成如下的形式：

$$Cu_3BiS_3 + 9Li \leftrightarrow 3Li_2S + Li_3Bi + 3Cu \tag{3.8}$$

图 3.7（b）展示了 Cu₃BiS₃ 电极的循环性能曲线，图中可以清楚地看出电极材料充放电容量的变化趋势。前面 10 个回合中较明显的容量衰减是由较复杂的副反应与不可逆反应所导致的。紧接着后面的循环过程，图中展示了一些连续细微的容量衰减。在循环了 50 个回合之后，容量最终保持在 180 mA·h·g⁻¹ 左右。尽管这个值远小于目前发展较好的锂离子电池材料，比如 SnO₂ 基的电极材料。但是它为发展新的三元硫化物纳米锂电池材料开辟了合理的路径。

3.4　本章小结

　　总的来说，本章通过原位腐蚀微米球的方法合成了花状级次结构的 Cu_3BiS_3 纳米材料。这些级次结构的 Cu_3BiS_3 纳米材料的外直径约为 8 μm，并且其内部具有介孔结构。这种介孔结构有利于电解液的扩散以及锂离子的嵌入与脱嵌。通过对其电化学性能的测试发现，尽管其循环稳定性能还有待提高，但是这种独特的基于多孔纳米片的级次结构使 Cu_3BiS_3 具有良好的首次循环锂电性能。此外，本章还测量了这种 Cu_3BiS_3 级次结构的漫反射光谱，通过转化后得出其带隙约为 1.20 eV，这个数值与当前使用最多的太阳能电池材料非常接近（如硅等）。因此，花状 Cu_3BiS_3 级次结构纳米结构有望在锂离子电池以及太阳能电池方面得到应用。

第4章

溶剂热法合成 Cu_2ZnSnS_4 纳米颗粒及光伏性能研究

4.1 引 言

带隙为 0.9 eV 至 1.9 eV 的直接带隙半导体材料在薄膜光伏器件的吸收层方面有较好的应用前景，比如用 $Cu(In, Ga)Se_2$（CIGS）做成的薄膜太阳能电池的转化效率达到了 21.5%。然而，诸如 In 和 Ga 之类的稀有金属的存在限制了 CIGS 薄膜电池的大量发展。近几年来，四元的 Cu_2ZnSnS_4（CZTS）成为薄膜光伏电池中吸收层的较好的替代品，它的带隙为 1.5 eV，而且它里面所含的四种元素铜、锌、锡、硫都是地球上含量比较丰富而且无毒的。Cu_2ZnSnS_4 可以通过用 Zn+Sn 来置换 $Cu(Ga, In)S_2$ 中的 Ga 或者 In 原子。所以 CZTS 保持了与 CIGS 类似的结构与性能。Shockley-Queisser photon balance 通过计算表明基于 CZTS/Se 的薄膜太阳能电池的理论转化效率为 32.2%。然而，目前已报道的实验室的最高能量转化值仅为 7.2%。尽管目前有许多人从事关于提高太阳能电池的效率的工作，但极少有人研究 CZTS 纳米材料中光生电荷的产生与分离过程。

对于太阳能电池的吸收层，研究其光生电荷的分离可提供一种新的途径来提高它的转换效率，在不同的条件下，其光生电荷的分离效率不同，比如给它加上一个偏置电压的时候，光生电荷的分离效率会提高许多。表面光电压测试方法（SPV）或者表面光电压谱（SPS）是一种发展比较成熟、无接触、无破坏的方法，用来分析半导体中因光诱导所导致的表面势能的改变。SPV作为一种光谱技术有如下优点。

（1）它是一种作用光谱，在测试过程中，不会污染样品、不会破坏样品的形貌，同时，它还可以测定光学不透明样品的光伏特性。

（2）SPV 所检测的主要是样品表层（大约为几十纳米的深度）的信息，因此受基底与本体的影响很少，这一点对于界面电子过程以及光敏表面性质的研究非常重要。

（3）由于 SPV 检测反映的是入射光诱导的表面电荷的变化情况，因而灵敏度比较高，大约为 10^8 q/cm²，比 Auger 电子能谱（AES）或者 X 射线光电子能谱（XPS）等标准光谱或能谱要高出几个数量级。它不仅可以提供一些块体材料的信息，比如半导体的导电类型以及禁带宽度，而且可以用来构建表面以及界面的电荷分布与输运模型，探明光生电压的内部机制。

在本章中，通过水热合成的实验获得了 CZTS 纳米颗粒，并且对它的形貌、微结构、组分以及吸收光谱进行了表征。构建了一个三明治结构（ITO/CZTS/ITO）的光电池，通过 SPV 的方法检测了这个光电池界面上的光生电压。结果发现这种电池在 400～700 nm 的波长范围内有比较明显的光伏响应。而且这种响应对外加偏置电压非常敏感。通过分析相位图，研究了 ITO/CZTS/ITO 光电池在不同偏置电压情况下光照后的界面电荷分布情况，并且对 SPV 方法所测出来的光伏响应图作出了解释与分析。

4.2　实验过程

4.2.1　实验试剂以及样品的合成

本书中所使用的所有试剂，包括 CuCl，ZnCl₂，SnCl₄·4H₂O，CS₂ 以及甲苯，都是商业成品，没有经过任何纯化处理。CuCl，ZnCl₂，SnCl₄·4H₂O（按照化学计量比 2:1:1）以及十二胺溶解到 60 mL 甲苯中，磁力搅拌 30 min。将略微过量的 CS₂ 用注射器注入溶液中。然后将整个溶液倒入反应釜中，反应釜置于恒温箱中，200 ℃反应 18 h，放于室温下自然冷却。获得的产品离心清洗数次，在真空干燥箱中 60 ℃ 干燥 8 h。

4.2.2　样品的分析及检测设备

X 射线衍射分析仪（XRD，Siemens D－5000，and Cu Ka，$\lambda = 1.540\ 5$ Å）

用来分析产物的晶体结构。产品的形貌与微结构分别通过场发射扫描电子显微镜（FE-SEM，model S−4800 操作电压为 5 kV）以及透射电子显微镜（TEM，model JEOL−2010 操作电压为 200 kV）来表征的。吸收光谱的测量范围为 300～1 100 nm，仪器是 PE Lambda 750 UV Spectrophotometer。样品的表面光电压特性测量使用的是自组装的表面光电压谱仪。这套光谱测试设备主要由五个部分组成：（1）用作光源的卤钨灯（75W，CHF-XQ500W，中国）；（2）用于分光的石英双棱镜单色仪（HILGER & WATTS D−300，英国），入口与出口狭缝的宽度都为 3 mm；（3）用来调制光束的 Stanford 斩波器（Model SR540，美国），调制频率一般为 20～70 Hz；（4）用来放大光伏信号的 Stanford 锁相放大器（Model SR830−DSP Lock-in Amplifier，美国）以及（5）一台 PC 电脑。图 4.1 展示了用来进行表面光伏测试的光电池的结构图，这种光电池具有 ITO/样品/ITO 的三明治结构。在做本章中所进行的表面光伏测试实验时，是定义光照一侧的 ITO 与外电场中的正电极相连时为外加正电场，反之则为外加负电场。本章中所有的测试都是在室内并且常温常压的条件下进行的。表面光电压的原理在其他文献中已有报道。

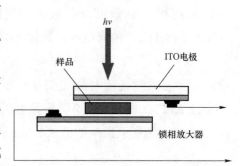

图 4.1　表面光伏电池的结构示意图

4.3　结果与讨论

4.3.1　Cu₂ZnSnS₄纳米颗粒成分及微结构分析

实验过程中，以甲苯为溶剂，十二胺作为表面活性剂，合成温度为 200 ℃，所生成的铜锌锡硫纳米材料的形貌如图 4.2（a）所示，可以确定纳米颗粒的直径大约为 5～10 nm。图 4.2（b）是纳米颗粒样品的 XRD 衍射谱。所有的衍射峰都与四方晶系的 Cu_2ZnSnS_4（JCPDF 26−0575）匹配。所合成样品具有锌黄锡矿结构，晶格常数为 $a = 0.542\ 7$ nm，$c = 1.084\ 8$ nm，空间群为 $\overline{I}42m$，与文献报道一致。通过 SEM［图 4.2（a）］与 TEM［图 4.2（c）］图片可见，这些生成物形貌比较均一，都是近球形颗粒。图 4.2（d）中的高分辨透射电子显微图像（HRTEM）表明生成物为结晶性较好的单晶颗粒。图 4.2（e）中的快速傅里叶变化也进一步证实了生成物的单晶特性。

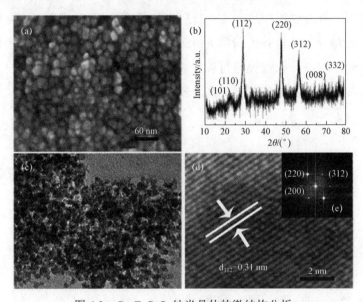

图 4.2　Cu₂ZnSnS₄ 纳米晶体的微结构分析

（a）样品的 SEM 图像；（b）X 射线衍射图；（c）低倍 TEM 像；（d）高分辨透射电子显微图像
展示了样品的晶格特性；（e）晶格边缘图像所对应的快速傅里叶变换

　　样品的成分则通过 EDX 谱来分辨，如图 4.3 所示。从图中可见，样品除了包含铜、锌、锡、硫四种元素外，还可以见到硅与氧两种元素，其中硅元素来自基底，氧元素可能来自硅衬底表面的氧化层。

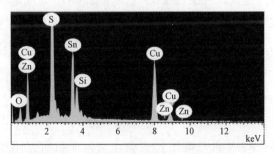

图 4.3　Cu₂ZnSnS₄ 纳米晶体的能谱图

图中显示样品包含 Cu，Zn，Sn，S 以及 Si 和 O 共六种元素

4.3.2 Cu₂ZnSnS₄纳米颗粒的紫外－可见吸收光谱

图 4.4 展示的是 CZTS 的紫外－可见吸收光谱图，通过拟合（ahv）^{2} 对光子能量图（图 4.4 中的插图）的线性部分可推测 CZTS 的带隙大约为 1.4 eV，进一步证实了所合成的产品为 Cu₂ZnSnS₄，而不是 ZnS 或者 Cu₂SnS₃（ZnS 的带隙为 3.78 eV，Cu₂SnS₃ 带隙为 0.93 eV），尽管不能完全排除少量的 ZnS 与 Cu₂SnS₃ 的存在。吸收光谱可以反映带隙值，但是不能反映光生电荷的产生以及分离过程。表面光电压谱就能较好地解决这个问题。

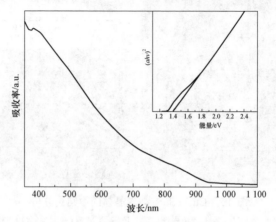

图 4.4　紫外－可见吸收光谱图

插图为变换后的光学带隙图，Cu₂ZnSnS₄ 纳米颗粒的带隙值大约为 1.4 eV

4.3.3 Cu₂ZnSnS₄纳米颗粒的表面光电压

图 4.5 展示的是 ITO/CZTS/ITO 光电池在不加偏置电压下的表面光电压谱。偏置电压为 0 V 时表面光电压谱的响应范围出现在 350～750 nm，峰值出现在 540 nm 处，这一点与紫外－可见吸收光谱所显示的不一样。这种现象可归于以下的原因。第一，在紫外－可见吸收光谱中，所有类型的跃迁都可能出现，然而对于表面光电压谱，只有连续带与电子输运是有效的。第二，量子尺寸效应是不容忽视的，因为对于 5～10 nm CZTS 纳米晶体。电荷转移带对表面光电压起主要作用，而吸收光谱中的主要成分是局部跃迁。

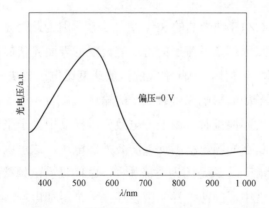

图 4.5　Cu₂ZnSnS₄ 纳米颗粒在不加外场情况下的光伏响应

为了研究光生载流子的输运机理，本书还引入了 CZTS 的场诱导表面光电压谱（FISPV）作为对比数据，如图 4.6 与图 4.7 所示。图 4.6 测量了 CZTS 纳米颗粒在负向、正向以及零偏压情况下的表面光伏响应。从图中可以清楚地看出，当外加偏置电压的时候（无论正向偏置还是反向偏置），SPV 的响应幅度急剧增加。另外，值得注意的是，外加负偏压的时候比外加正偏压的时候 SPV 谱强度的增加幅度要大。图 4.7 表示外加不同强度的负偏压时的光伏响应图。偏置电压强度越大，SPV 的响应幅度越大，但是当偏压强度增加到一定的值时，SPV 的响应幅度增加不明显，这是因为载流子已经耗尽。另外，在测量 SPV 的响应幅度的同时，本书还记录了 SPV 的相位。如图 4.8 所示，为 CZTS 纳米颗粒在不同偏压下的光伏响应相位。当外加负向偏压时，不管强度如何，都具有相同的相位。同样外加正向偏置电压时，相位也与偏压的强弱无关。分析光伏响应图发现，CZTS 纳米颗粒的光伏响应峰值发生在570 nm 左右，因此峰值处所对应的相位为样品的准确相位。从图 4.8 可以看出，当外加负电场时光伏响应的相位大约为 164°，外加正电场时的光伏响应的相位为 −24°，零电场时（即不加外电场时）为 −114°。外加正电场与负电场时，它们相位差为 180°，而与零偏压之间相差 90°。我们对此作出了如下的解释：

（1）在零偏压的情况下，CZTS 纳米颗粒中的光生载流子是如何分离的

CZTS 颗粒的尺寸为 5～10 nm，远小于空间电荷区的宽度约（100 nm）。也就是说在单个的纳米晶表面没有带弯。因此，光生电子－空穴对不能被固态半导体中存在的自建电场分离，也即是漂移机制。因而，用扩散机制来解

释本书所合成的 CZTS 纳米晶的 SPV 更加合理，因为此处光生载流子的动力是光照区与非光照区剩余载流子的密度差。根据表面光伏的扩散机制，由于 CZTS 是一种 P 型半导体，因此空穴的扩散速度比电子要快。

（2）外部电场如何影响光生载流子的输运

当外加正（负）偏压时，由于静电效应，样品中处于平衡态的电子（空穴）会被吸引聚集在光照电极附近以屏蔽外部电场，这可以被解释为双电层模型（如图 4.1 所示）。这是因为电极与样品之间没有欧姆接触，电荷载流子无法注入到样品之中。因此，样品中会存在一个附加电场，类似于一个自建电场，它会影响光生电荷的输运，这将会在后文中详细讨论。

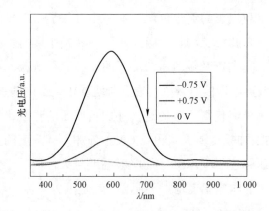

图 4.6 Cu$_2$ZnSnS$_4$ 纳米颗粒加外场情况下的光伏响应

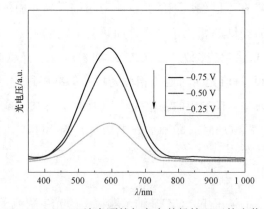

图 4.7 Cu$_2$ZnSnS$_4$ 纳米颗粒加负向外场情况下的光伏响应

根据上面的讨论可以推断，在中性条件下光生载流子是通过扩散的机制发生分离，而在外电场中，同时存在扩散与漂移两种分离机制。当外加负电场时，由此产生的自建电场会使剩余电子向光照电极移动，剩余空穴则向非光照电极移动。也就是说，CZTS 在负电场中表面光伏的极性与扩散的情况一致。因此，在外加负电场的情况下表面光伏的强度会大大增加。而外加正电场时，表面光伏的极性会出现反向增强。在正向偏置的外电场中表面光伏强度的增加主要归因于，漂移机制所导致的光生电子－空穴对的分离效率比扩散更高，因此光伏强度反向增加。

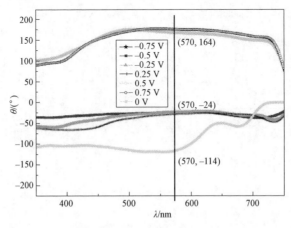

图 4.8　Cu₂ZnSnS₄纳米颗粒在不同偏压下的相图

　　为了更深入的探究光生载流子的输运过程，实验中还同时记录了表面光伏响应的相位图（可见图 4.8）。相位差通常包含着剩余电荷的动力学信息。在负偏压与零偏压之间可以观察到一个 90° 的相位差。这是剩余载流子漂移与扩散之间存在速度差所导致的，正如上文中所讨论的表面光伏响应零偏压与负偏压时的情况一致。然而，在外加负偏压与外加正偏压时，光伏相位图之间存在一个 180° 的相位差，这个相位差表明表面光伏的极性刚好相反，是由光生载流子的分离方向相反所导致的。进一步证实了前面所述的表面光伏在正向偏置电场中的情况。

4.4　本章小结

　　总的来说，本章用简单的溶剂热法合成了近球形的 CZTS 纳米晶体。这种球形颗粒直径大约为 5～10 nm。此方法也适用于合成其他三元或者四元硫化物，如 Cu_3BiS_3 或 $Cu_2ZnSnSe_4$ 等。CZTS 纳米晶体展现了良好的光伏特性。这种具有三明治结构（ITO/CZTS/ITO）的光电池对外加电场非常敏感，正负偏压都会使其光伏响应强度大大增加，并且在加不同极性的偏压时，其相位会有延迟，如负偏压与正偏压的情况会有 180° 的相位差，与零偏压时会有 90° 的相位差。本章分析了产生这些现象的原因，这对于提高与改善太阳能电池的效率有参考作用。

第5章

氮掺杂碳纳米纤维修饰硫化锑材料的性能研究

5.1 引 言

石墨作为传统的锂离子电池（LIBs）负极材料，具有良好的电化学性能，但用作钠离子电池（SIBs）负极时，尽管其理论容量可达 300 mA·h/g，但实际容量仅为 30 mA·h/g。这主要是因为钠离子的半径较大（比锂离子的半径大 55%），在石墨层间移动困难，并且穿插过程中有可能破坏石墨层，导致性能不理想。近年来，人们对 SIBs 的高性能负极电极进行了大量的研究，如金属氧化物、碳基材料和金属硫化物。其中，具有合金或转化钠离子储存机制的材料因其较高的理论容量而吸引了较多关注。例如，硅、锡及其化合物具有合金储钠机制，而许多过渡金属氧化物/硫化物，如 Fe_2O_3、MoS_2 等具有转换机制。上述材料一方面是由于钠离子脱出和嵌入过程中体积变化过大而库伦效率较低，另一方面是反应电位高而在电池满配时容量迅速下降。值得注意的是，Sb_2S_3 作为一种很有前途的负极材料，其理论容量为 946 mA·h/g，可逆性较高，离子反应动力学良好。Sb_2S_3 的高理论容量来源于两种储存机制：转换反应和合金化反应，即 1 mol Sb_2S_3 可以容纳 12 mol 钠离子。下面的公式说明了在充放电过程中所发生的两种存储机制：

转换反应：
$$Sb_2S_3 + 6Na^+ + 6e^- \leftrightarrow 3Na_2S + 2Sb \qquad (5.1)$$

合金反应：
$$2Sb + 6Na^+ + 6e^- \leftrightarrow 2Na_3Sb \qquad (5.2)$$

Sb_2S_3 的优点是钠离子容量大，但是其长期循环性能和倍率性能仍有待提高。在以往的研究中，基于 Sb_2S_3 的 SIBs 的初始放电比容量高，倍率性能差，容量衰减快。主要原因如下：首先，Na 离子的插入行为产生了较大的体积膨胀。其中，Na 离子与金属锑的合金化反应形成 Na_3Sb，使电池体积增加到初始尺寸的 390%，导致电极材料粉碎，电池寿命缩短。其次，Sb_2S_3 中离子和电子的扩散速度较慢（电导率低于 1×10^{-5} S/cm），极大地限制了电池的倍率性能。

为了克服 Sb_2S_3 电极的大体积变化和迟滞的动力学性能，人们尝试了各种策略。在这些方法中，结构设计、表面涂层和碳改性被证明是提高 Sb_2S_3 负极电化学性能的有效途径。具体来说，碳改性是廉价、绿色、高效的一种方式。例如，Dashairya 等人使用嵌入石墨烯的 Sb_2S_3 作为 SIBs 的长寿命、高倍率负极。石墨烯不仅可以作为导电基底，还可以作为 Sb_2S_3 纳米颗粒之间的缓冲层，从而减轻电极的体积膨胀。Li 等人采用多壁碳纳米管（MWCNTs）作为防止 Sb_2S_3 凝聚的支架，Sb_2S_3 在电流密度为 50 mA/g 时具有约 450 mA·h/g 的可逆容量。然而，碳材料的形貌、结构、电导率等物理性质在修饰 Sb_2S_3 负极时对其电化学性能起着至关重要的作用。一般来说，碳材料的物理性能与其制备方法密切相关。值得注意的是，静电纺丝技术可以制备出高质量的氮掺杂碳纤维。所得碳纤维直径均匀、结构完整、电导率高，符合电化学应用的要求。此外，静电纺丝法制备的随机堆叠碳纤维会构建三维多孔网络，可以改善 Sb_2S_3 在钠离子脱/嵌过程中的体积变化。静电纺丝法制备碳纤维改性 Sb_2S_3 负极材料的研究较少，因此，更多关于这方面的工作正在吸引众多研究者。

本章采用静电纺丝和超声原位生长两步法制备了硫化锑/碳纳米纤维复合材料。首先使用静电纺丝技术制备高质量的氮掺杂 3D 碳纳米纤维（CNFs）。通过对 CNFs 进行酸化处理，提高了 CNFs 与 Sb_2S_3 纳米粒子之间的吸附。然后，以 CNFs 为基质，采用原位超声辅助生长法生长 Sb_2S_3 纳米颗粒。结合 CNFs 三维刚性导电网络的优点和 Sb_2S_3 的高理论容量，随后分析了所有样品的相组成，形态和表面结构，还讨论了 CNFs 修饰对 Sb_2S_3 材料的电化学性能影响。

5.2　样品制备

实验中使用的所有试剂均为分析纯，所有药品均购自阿拉丁试剂网。采取以下制备方法：先将聚丙烯腈（1.0 g，PAN，Mw = 150 000，MACKLIN）溶于 10 mL 的 N, N－二甲基甲酰胺（DMF，MACKLIN）中，室温搅拌 12 h，形成分子量为 10% 的 PAN 溶液。然后将制备好的透明前驱体转移到 10 mL 注射器中进行静电纺丝，以铝箔为接收装置。铝箔与针的距离设置为 17 cm，施加 17 kV 高压。以 1 mL/h 的注射速率挤压聚合物液。然后将白色纤维从铝箔上剥离。制备的聚丙烯腈纤维首先在 220 ℃空气中退火 2 h，然后在 600 ℃管式炉中碳化 2 h 制备 CNFs。退火后的 CNFs 在 60% 的硝酸中浸泡 24 h，用蒸馏水和酒精清洗多次，离心收集后干燥得到酸化的 CNFs。然后称取适量的 CNFs，在 40 mL 无水乙醇中超声分散 2 h，制成均相溶液。同时，将 0.5 g SbCl$_3$ 和 0.5 g 硫代乙酰胺（TAA）溶于 20 mL 无水乙醇中，并大力搅拌。然后将三种溶液与超声波混合 2 h，完成反应。沉淀物离心收集，用酒精和去离子水洗涤三次。最后，在 450 ℃氩气氛下退火 2 h 后，制备了 SCNFs 复合材料。为了比较，我们还用同样的方法制备了无 CNFs 的纯 Sb$_2$S$_3$ 样品和纯的氮掺杂碳纳米纤维材料。

5.3　实验结果与分析

合成 SCNFs 复合材料的两步简单路线及其离子和电子的输运路径如图 5.1 所示。首先采用静电纺丝法制备了纳米碳纤维。酸化处理后，以 CNFs 为前驱体，通过原位成核法生长 Sb$_2$S$_3$ 纳米颗粒。经过洗涤和分离过程，将获得的 SCNFs 复合材料在 450 ℃下退火 2 h，最终通过 SCNFs 的相互连接形成三维多孔网络结构，3D 网状结构为负极复合材料在充放电时提供缓冲基质，多孔网络有利于电解质的充分渗透，从而使电子和钠离子的快速转移。

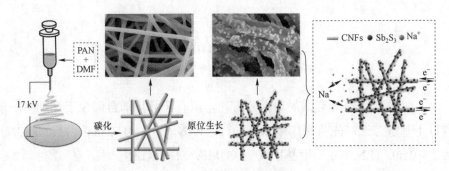

图 5.1　SCNFs 复合材料的制备过程及离子和电子的传输路径示意图

图 5.2（a）为纯 Sb_2S_3、CNFs 和 SCNFs 的 XRD 谱图。其衍射峰与斜方晶 Sb_2S_3（JCPDS No.42 – 1393（Pbnm 空间群（62））的标准衍射图谱一致。SCNFs 的拉曼光谱如图 5.2（b）所示，峰值范围 280~310 cm^{-1} 为 Sb_2S_3，证实了 Sb_2S_3 相的形成。另外两个明显的峰分别位于 1 344.72 cm^{-1} 和 1 572.44 cm^{-1}，分别对应于碳纤维的 D 波段和 G 波段。其中的 D 峰被认为是碳的缺陷和无序结构，而 G 峰被用来评估 Sp_2 碳杂化的振动，表明石墨碳基体的存在。与 CNFs 中 D 峰和 G 峰的强度（I_D/I_G = 1.234）相比，SCNFs 的强度比（I_D/I_G = 1.304）更大。相对较大的强度比表明，当与 Sb_2S_3 纳米颗粒结合时，由于 C-S 键的形成和相关的无序，碳骨架缺陷增加，有利于的快速电子转移。通过氮气吸附 – 脱附测量，估算了 SCNFs 复合材料的孔径分布。如图 5.2（c）所示，产物为典型的Ⅲ型等温线，证实了中孔和大孔共存，计算得到比表面积为 8.314 m^2/g。总的来说，介孔主要来源于 Sb_2S_3 纳米颗粒之间的空隙，而大孔则由碳纤维的随意堆叠组成，有利于电解质的渗透和 Na 离子的扩散。

用扫描电镜和透射电镜对材料的形貌和结构进行了表征。如图 5.3（a）所示，静电纺丝法制备的 CNFs 表面光滑，缺陷较少，结构完整性较好。直径为 150~300 nm 的 CNFs 相互连接形成独特的三维多孔网络。为了提高 CNFs 与 Sb_2S_3 之间的结合能，确保 Sb_2S_3 纳米粒子能够在 CNFs 上成功生长，采用了酸化处理。如图 5.3（b）所示，酸化后的 CNFs 表面粗糙，一般会出现许多裂纹，这说明可能会引入很多表面缺陷。硝酸处理不仅改变了 CNFs 的物理结构，而且在其表面引入了许多化学基团，通过 FITR 和 XPS 表征进

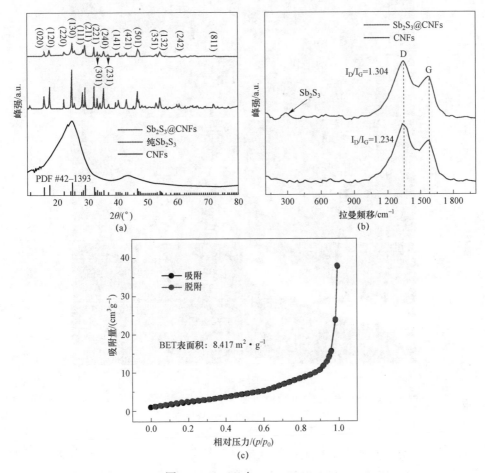

图 5.2　SCNFs 与 CNFs 的物性图

（a）SCNFs、纯 Sb₂S₃ 和 CNFs 的 XRD 谱图；（b）SCNFs 和 CNFs 的拉曼光谱；
（c）SCNFs 的氮气吸附－脱附等温线

一步验证了这一点。引入的含氧基团可以作为成核位点，促进 CNFs 与 Sb₂S₃ 的接触。SEM 和 TEM 图像表明，Sb₂S₃ 纳米粒子均匀地固定在 3D 结构的 CNFs 上，其直径大小约为 50 nm，见图 5.3（c），（d）。能量色散 X 射线 谱表明，C、N、Sb 和 S 元素均匀分布在整个纳米纤维见图 5.3（e），（f），这表明 Sb₂S₃ 与 CNFs 矩阵共存。另外，从图 5.3（f）中可以看出，C 和 N 元素检测到的映射有很高的重叠程度。这是因为 C 和 N 元素均来源于 PAN 纤维，经碳化和酸化后仍保留。

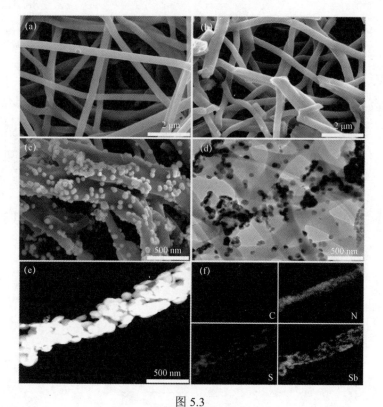

图 5.3

（a）CNFs 的 SEM 图像，酸化后 CNFs（b）和 SCNFs（c）的形貌。（d）SCNFs 的 TEM 图像，

（e，f）复合材料的 EDS 映射分析

　　图 5.4（a）为纳米结构的红外光谱图。对于所合成的 CNFs，所有的峰都出现在 3380、1708、1462、1328、1137 和 848 cm^{-1} 处，这些峰都来自于 CNFs 的不同能带和含氧官能团。3 380 cm^{-1} 处的弱峰可归因于 −OH 基团的伸缩振动。FTIR 光谱中在 1 708 cm^{-1} 处的强吸收峰证实了 C=O 基团的伸缩振动带的存在。在 1 462 cm^{-1} 处的附加特征信号是来自 PAN 的亚甲基桥 C−H 弯曲和 C-N 键伸缩振动。在 848 cm^{-1} 处有一个峰与 C-N 平面外弯曲振动有关，这是 C-H 键和 C-N 键的变形骨架峰，表明 sp$_2$ 碳基体中存在 N 原子（峰位在 1 328 cm^{-1} 处）。在 1 137 cm^{-1} 处的峰值是由 C-O 拉伸带引起的。Sb$_2$S$_3$ 纳米粒子原位成核，450 ℃ 退火 2 h 后，SCNFs 的 FTIR 峰值与含氧基团的相关性显著降低，如图 5.4（a）所示。结果表明，含氧基团被其他基团（如锑离子）还原或取代。

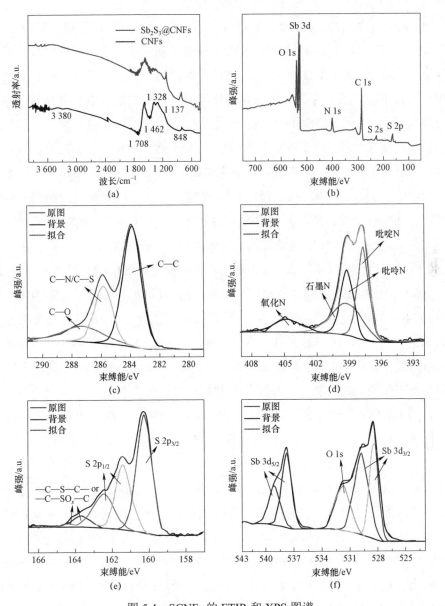

图 5.4　SCNFs 的 FTIR 和 XPS 图谱

（a）复合材料 SCNFs 的 FTIR 光谱；（b）SCNFs 的 XPS 全谱图；（c）SCNFs 的 C1s 扫描谱；
（d）N1s；（e）S2p；（f）Sb3d 图

用 XPS 对制备的 SCNFs 的表面元素组成和电子结构进行了测定和分析。图 5.4（b）为样品的宽扫描图，显示 C、N、Sb 和 S 的存在。此外，光谱中还出现了 O 元素，应该来自于 CNFs 上的含氧官能团。SCNFs 的 C1s 谱［图

5.4（c）]显示为 283.2 eV、285.8 eV 和 287.2 eV 的峰，可以分别划分为 C-C、C-N/C-S 和 C-O。C1s 光谱中 C-N/C-S 键的高强度证实了碳纤维中氮元素的掺杂，这源于 PAN 本身所拥有的。Sb_2S_3 纳米粒子与碳纤维之间的强力结合主要来自于稳定的 C-S 键，可能通过协同桥接效应增强了电子电导率，并通过抑制循环过程中硫的溶解提高了电化学稳定性。图 5.4（d）为 N1s 的扫描图谱，图中显示以 397.2 eV、399.1 eV、399.5 eV 和 404.7 eV 为中心的 4 个峰，分别属于吡啶氮、吡咯氮、石墨氮和氧化氮。CNFs 边缘和缺陷区的吡啶 N 和吡咯 N 是钠离子吸附的活性位点，提高了 N 掺杂纳米材料的钠离子存储性能。活性位点的氮掺杂促进了反应动力学，进一步导致 Sb_2S_3 纳米颗粒的均匀分布。图 5.4（e）是采集高分辨率的 S2p 光谱来拟合这五个峰。在 160.1 eV、161.3 eV 和 162.5 eV 处的峰值可描述为 S2p3/2 和 S2p1/2，对应于 Sb_2S_3 的 S^{2-} 态。在 163.7 eV 和 164.2 eV 处的额外峰可以指定为噻吩型的 $-C-S-C-$ 共价键或 $-C-SO_x-C$。如图 3.4（f）所示，Sb 三维光谱可分为 Sb $3d_{5/2}$（528.4 eV 和 529.8 eV）和 Sb $3d_{3/2}$（537.6 eV 和 538.9 eV）两条自旋轨道双线，证实 Sb_2S_3 中存在 Sb^{3+}。剩余的 O1s 峰位于 531.8 eV 处，表明表面存在一些羧基和羟基，这与红外光谱的结果一致。

图 5.5（a）为扫描速率为 0.1 mV/s 时 SCNFs 电极前三个循环的循环伏安曲线。SCNFs 复合材料在第一个循环中的 CV 与随后的循环有明显的不同。在第一次扫描中观察到三个阴极峰和两个负极峰，分别位于 1.04 V，0.76 V 和 0.36 V（阴极），0.75 V 和 1.26 V（阳极）。1.04 V 时的阴极峰可能与固体电解质界面层（SEI）的形成有关，SEI 层随后消失。阴极峰（0.76 V）和负极峰（0.75 V）来自 Sb_2S_3 中与硫原子的转化反应（例如 $Sb_2S_3 + 6Na^+ + 6e^- \leftrightarrow 3Na_2S + 2Sb$），Na 和 Sb 之间的合金化反应（例如 $2Sb + 6Na^+ + 6e^- \leftrightarrow 2Na_3Sb$）分别为 0.36 V（阴极）和 1.26 V（阳极）。从第二圈循环开始，转化反应的峰值稳定在 1.23 V 和 0.92 V 左右，合金化反应的峰值稳定在 0.42 V，而负极峰稳定分布在 0.75 V 和 1.26 V。有趣的是，第二和第三个循环的 CV 曲线几乎重叠，说明钠离子存储过程中电化学反应具有良好的可逆性。在 50 mA/g 电流密度下，前 10 个循环得到恒流充放电分布，如图 5.5（b）所示。1.3～0.36 V 范围内的三个放电平台依次向 1.25～0.4 V 移动，这与 CV 曲线一致。在 0.75 V 和 1.26 V 的两个电荷平台电位在第 1 到 10 个循环中是恒定的。

SCNFs 的首次充放电容量分别为 1 100.86 mA·h/g 和 622.0 mA·h/g, 初始库伦效率为 56.5%。不可逆容量损失可能由两个因素引起, 首先是电解质的分解和 SEI 膜的形成; 其次是退火后合成的 CNFs 保留了较大的表面积和可能的表面官能团, 导致在第一个循环的钠离子插入和脱出过程中出现不可逆回流。

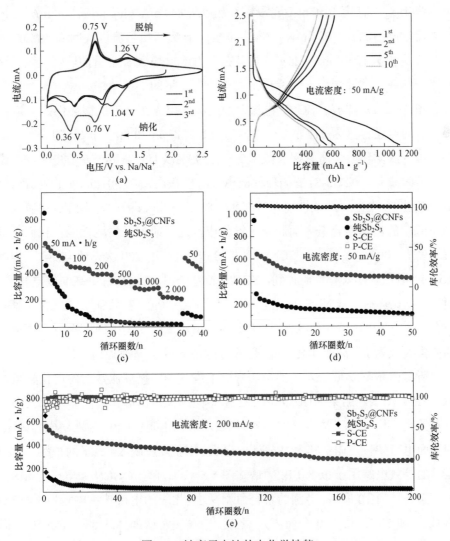

图 5.5　钠离子电池的电化学性能

（a）扫描速率为 0.1 mV/s 时的循环伏安图；（b）第 1、2、5 和 10 次充放电曲线；

（c）倍率性能测试对比；（d）50 mA/g 下的循环性能；

（e）在 200 mA/g 下超过 200 圈的长期循环性能和库仑效率

图 5.5（c）研究了 SCNFs 和纯 Sb_2S_3 在不同电流密度下循环 10 圈的倍率性能。当电流密度为 50、100、200、500、1 000 和 2 000 mA/g 时，SCNFs 负极提供的可逆容量分别为 617、472、403、345、291 和 244 mA·h/g。当电流密度降至 50 mA/g 时，SCNFs 的容量迅速恢复至 506 mA·h/g，表明在低电流密度下，SCNF 具有良好的结构稳定性和 Na 离子扩散动力学。相比之下，纯 Sb_2S_3 的容量在 50 mA/g 循环 10 次后从 844 mA·h/g 降至 200 mA·h/g。当电流密度增加到 2 000 mA/g 时，容量接近于 0。即使电流再次回到 50 mA/g，电池容量也只有 67 mA·h/g。电流密度的增加导致了容量的降低，这是由于电子和离子扩散缓慢，这突出了高电流密度下的扩散速率。

图 5.5（d）显示了 SCNF 电极在 50 mA/g 电流密度下的循环性能。50 次循环后的可逆容量为 412 mA·h/g，为初始容量（620 mA·h/g）的 66%。此外，第三次循环后，所有库仑效率保持在 99% 以上。在整个充放电周期中没有明显的波动。纯 Sb_2S_3 的循环性能也被考虑在内，在 50 mA/g 的电流密度下，经过 50 次循环，该性能保持在 116.5 mA·h/g。因此，碳纤维在协同提高 Sb_2S_3 的电化学容量方面起着关键作用。为了研究长周期性能，我们在电流密度为 200 mA/g 下，对 SCNFs 和纯 Sb_2S_3 进行了 200 次充放电测试，如图 5.5（e）所示。可以清楚地看到，SCNF 比纯 Sb_2S_3 电极具有更高的放电容量，在 200 次循环后，SCNF 的放电容量为 250 mA·h/g。表明 Sb_2S_3 和 CNFs 紧密结合可能是其电化学性能显著提高的原因。3D-CNFs 产生的刚性结构和电通道的协同效应为 Na 离子电池和载流子的传输形成了高速通道。

所有样品在 200 mA/g 的电流密度下进行不同循环次数后的电化学阻抗谱（EIS）测试。结果如图 5.6 所示。所有图形都是由高频处的半圆和低频处倾斜的直线构成。正常情况下，Re 代表电解液电阻；CPE 为双层电容；Rct 为界面电荷转移电阻；其中 Wo 为 Warburg 阻抗，反映 Na 离子的扩散。插图显示的等效电路用于拟合 EIS 频谱。图 5.6（a）显示了 SCNFs 电极的 EIS。从 0 圈到循环 10 圈后，半圆的直径急剧减小，相应的电荷转移电阻为 1 012 Ω（初始）和 57.22 Ω（10 个循环）。之后，Rct 缓慢增加，从 83.3 Ω（50 个循环）增加到 262.5 Ω（200 个循环）。第一个急剧下降可能归因于电极的活化过程。经过 10 次循环后，SCNFs 电极的电阻略有增加，这可能与部分 Sb_2S_3 纳米粒子的重构有关。这一结果可以进一步得到图 5.7 中非原位扫描电镜图像的支持。

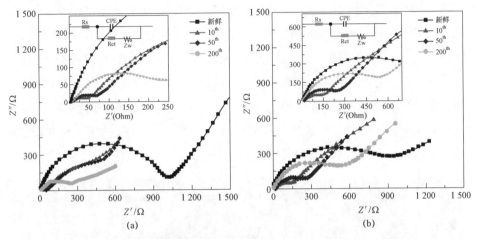

图 5.6　钠离子电池不同循环后的 EIS 光谱：Nyquist 图（Z' vs. $-Z''$）

（a）SCNFs 和（b）纯 Sb$_2$S$_3$，插图部分给出了拟合等效电路图和部分放大图像的等效电路模型

相比较之下，纯 Sb$_2$S$_3$ 电极的评价通过 EIS 测量作为对比图 3.6（b）。纯 Sb$_2$S$_3$ 电池的初始电阻为 954.5 Ω。经过 10 个循环后，约降至 210.8 Ω，远远大于 SCNFs（57.22 Ω）。在接下来的循环中，纯 Sb$_2$S$_3$ 电极的电阻迅速增加，在第 200 个循环后达到 666.2 Ω，几乎是 SCNF 电极的 3 倍。因此，研究发现 Sb$_2$S$_3$ 与 CNFs 的结合促进了电解质与活性物质之间的电荷转移过程。

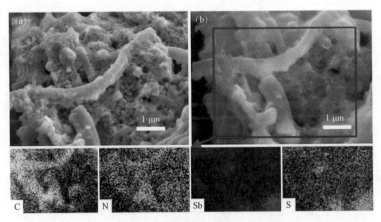

图 5.7　SCNF 电极循环后的 SEM 图像

（a）SCNF 电极在 200 mA/g 下循环 200 次后的非原位 SEM 图像；

（b）从蓝色矩形字幕标记的 SEM 图像中选择相应的 EDS 映射

最后为了研究电极的结构稳定性及其对性能的影响，测试了 SCNFs 和纯 Sb_2S_3 电极在 200 次循环前后的 SEM 图像，分别如图 5.7 和图 5.8 所示。在 SCNFs 电极中，虽然 Sb_2S_3 纳米颗粒有轻微的体积变化，但仍然可以看到由碳纤维制成的原始三维框架结构，这有利于 Na 离子和电子的穿透。然而，从图 5.8 可以看出，Sb_2S_3 微球已被完全粉碎，暴露的 Sb_2S_3 可以观察到严重的团聚。分析结果与 5.7B 中的 EDS 图相吻合，图中 S、Sb 和元素均均匀分布在 CNFs 上。因此，在长期的反复充放电过程中，CNFs 的引入和 Sb_2S_3 的紧密集成有利于缓解体积膨胀从而提高电化学性能。

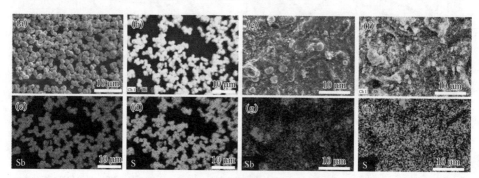

图 5.8　纯 Sb_2S_3 颗粒循环前后的 SEM 图

（a~d）纯 Sb_2S_3 颗粒的 SEM 图和 DES 图：（e~h）纯 Sb_2S_3 颗粒在 200 mA/g 下循环 200 次后的非原位 SEM 图像和相应的 EDS 映射

5.4　本章小结

综上所述，本章介绍了简单的两步法将 Sb_2S_3 纳米粒子锚定在 N 掺杂 3D 碳纳米纤维多孔网络上。详细阐述了电子和离子的生长过程和输运机理。利用 XRD 和 Raman 光谱证实 Sb_2S_3 的物相组成。红外光谱和 XPS 研究表明，Sb_2S_3 与碳纤维之间形成了多种共价键。在 Na 离子电池中的电化学性能表征表明，与 CNFs 结合后，SCNF 的倍率性能和循环稳定性显著提高。此外，Sb_2S_3@CNFs 在循环过程中的电化学阻抗的增长速度明显低于纯 Sb_2S_3。由此表明，碳纤维提供的多孔刚性导电网络在容纳 Sb_2S_3 体积变化的同时提高了电导率，从而提高了电化学性能。

第6章

多孔碳纤维修饰双金属硫化物 Sb_2S_3/FeS_2 复合材料的电化学性能研究

6.1 引 言

锂离子电池以其优异的储能性能在便携式电子设备中得到了广泛的应用。不幸的是，有限的资源和锂的不均匀分布迫使研究人员寻找有效的替代品。具有类似电化学储能机制的钠离子电池（SIBs）因其成本低、可获得性强等优点而备受关注。然而，Na 离子半径（0.102 nm）比 Li^+ 离子半径（0.076 nm）大 50%，Na 离子的大半径导致了钠在脱嵌反应的缓慢动力学和结构粉碎，从而影响循环性能，容量下降很快。电极材料是影响电池电化学性能的重要因素。对于 SIBs，其正极已被广泛研究，比容量和电化学稳定性均得到显著提高。因此，开发高性能 SIBs 的关键在于合理设计精细的负极材料，实现理想的 Na 离子嵌入/脱出，缓解充放电过程中体积变化带来的应变和应力。

SIB 中已经探索了多种负极材料，包括碳质材料、转化或合金材料、金属氧化物/硫化物等。其中，Sb_2S_3 的理论比容量为 954 mA·h/g，是一种很有前景的钠离子存储材料，其大容量主要来自于转换和合金化两种钠离子存储机制，有研究表明，1 mol Sb_2S_3 可以容纳 12 mol Na 离子。即使如此，Sb_2S_3 在循环过程中仍然存在严重的容量衰减，这主要归咎于合金化反应过程中严重的体积膨胀和迟滞的离子/电子动力学。

为解决上述问题，人们提出了许多策略。例如，通过将金属硫化物颗粒尺寸减小到纳米级，显著降低了转化反应的机械应力，缩短了 Na 离子扩散路径，从而缓解了破碎动力学和离子扩散缓慢的问题。此外，采用杂原子掺杂的碳材料对金属硫化物类材料进行修饰也是一种有效的策略。碳材料不仅可以为电极提供有效的导电网络，而且在反应过程中还可以保持电极结构的完整性。近年来，两相或多相化合物已被证明具有良好的电化学性能。例如，Liang 等报道的双金属硒化物异质结构（$CoSe_2/ZnSe$ 纳米片）具有丰富相界表现出高倍率性能和出色的循环稳定性，在大倍率下可稳定循环 4 000 次。由于 $CoSe_2/ZnS$ 相界的电荷重新分布，使得钠离子电池具有低的 Na 离子吸附能和快速的扩散动力学。此外，$ZnS-Sb_2S_3@C$、Sb_2S_3/MoS_2、$Sb_2S_3@FeS_2$ 等均被证明具有比单相组分更好的电化学性能。需要指出的是，上述工作取得了指导性进展，但实际性能远低于我们对可充电钠离子电池的预期。此外，关于异质结构在改善电池性能方面的作用仍存在许多争议。因此，阐明多相材料的反应机理具有十分重要的意义。

本章节中，采用静电纺丝方法将两相（Sb_2S_3 和 FeS_2）封装到氮掺杂多孔中空碳纳米纤维中，并研究了 SIBs 的电化学性能。多孔结构和两相复合材料有望制备高稳定性和高动态性能的电极。结果表明，Sb-Fe-S@CNFs 比任何单一金属硫化物具有更高的比容量和更好的循环性能。在 1 A/g 的条件下，经过 2 000 次循环后，它的可逆容量达到 396 mA·h/g，容量保持在 99.7% 左右，并具有良好的高电流稳定性（在 10 A/g 的条件下循环 16 000 次）。多孔结构大大缓冲了 Na 离子的体积膨胀，而两相异质结加速了 Na 离子的动力学行为。简单的非均相结构结合多孔 CNFs 的制备策略可以推广到其他先进的可充电电池。

6.2　样品制备

Sb-Fe-S@CNFs 复合材料的制备：在制备过程中，将 0.5 g 聚甲基丙烯酸甲酯（PMMA）和 0.7 g 聚丙烯腈（PAN）溶于 10 mL 二甲基甲酰胺（DMF）溶剂中，在 50 ℃下剧烈搅拌 12 h，得到均质液体。随后加入丙酮乙酰胺铁 0.25 g 和酒石酸锑钾 0.25 g，75 ℃进一步搅拌 2 h。然后将所得混合物装入

10 mL 注射器中，注射器与高压电源相连。铝箔用于收集纳米纤维。温度、注射速率、电压、针与铝箔的距离分别为 30 ℃、1.0 mL/h、17 kV、17 cm。得到的纳米纤维首先在真空下 60 ℃干燥 12 h，在空气中 250 ℃预氧化 2 h，升温速率为 2 ℃/min。然后 500 ℃在氩气氛围中碳化 2 h，升温速率分 5 ℃/min。最后，0.5 g 前驱体产品和 0.75 g 硫粉充分研磨混合后，在 155 ℃硫化的 4 h 升温速率为 5 ℃/min。然后进一步升温至 350 ℃ 操持 2 h 热处理去除多余硫。即得到 Sb$_2$S$_3$/FeS$_2$@CNFs 复合材料，标记为：Sb-Fe-S@CNFs。

Sb$_2$S$_3$@CNFs 复合材料的制备：在制备过程中，将 0.5 g 聚甲基丙烯酸甲酯（PMMA）和 0.7 g 聚丙烯腈（PAN）溶于 10 mL 二甲基甲酰胺（DMF）溶剂中，在 50 ℃下剧烈搅拌 12 h，得到均质液体。随后加入 0.5 g 酒石酸锑钾，75 ℃进一步搅拌 2 h。然后将所得混合物装入 10 mL 注射器中，注射器与高压电源相连。铝箔用于收集纳米纤维。温度、注射速率、电压、针与铝箔的距离分别为 30 ℃、1.0 mL/h、17 kV、17 cm。收集的纳米纤维先在 60 ℃真空干燥过夜，250 ℃空气热处理 2 h，然后 500 ℃在氩气氛围中碳化 2 h，升温速率分别为 2 ℃·min^{-1} 和 5 ℃·min^{-1}。最后，0.5 g 前驱体产品和 0.75 g 硫粉充分研磨混合后，在 155 ℃硫化的 4 h 升温速率为 5 ℃/min。然后进一步升温至 350 ℃ 操持 2 h 热处理去除多余硫。即得到 Sb$_2$S$_3$@碳纤维复合材料，标记为：Sb$_2$S$_3$@CNF。

FeS$_2$@CNFs 复合材料的制备：在制备过程中，将 0.5 g 聚甲基丙烯酸甲酯（PMMA）和 0.7 g 聚丙烯腈（PAN）溶于 10 mL 二甲基甲酰胺（DMF）溶剂中，在 50 ℃下剧烈搅拌 12 h，得到均质液体。随后加入丙酮乙酰胺铁 0.25 g 和酒石酸锑钾 0.25 g，75 ℃进一步搅拌 2 h。然后用不锈钢喷嘴将所得混合物装入 10 mL 注射器中，注射器与高压电源相连。铝箔用于收集纳米纤维。温度、注射速率、电压、针与铝箔的距离分别为 30 ℃、1.0 mL/h、17 kV、17 cm。收集的纳米纤维先在 60 ℃真空干燥过夜，250 ℃空气热处理 2 h，500 ℃在氩气氛围中碳化 2 h，升温速率分别为 2 ℃/min 和 5 ℃ min^{-1}。最后，0.5 g 前驱体产品和 0.75 g 硫粉充分研磨混合后，在 155 ℃硫化的 4 h，升温速率为 5 ℃/min。然后进一步升温至 350 ℃ 操持 2 h 热处理去除多余硫。即得到 FeS$_2$@碳纤维复合材料，标记为：FeS$_2$@CNF。

6.3　实验结果与分析

　　Sb-Fe-S@CNFs 的合成过程如图 6.1 所示。首先，将 Sb 源、Fe 源、聚甲基丙烯酸甲酯（PMMA）和聚丙烯腈（PAN）通过充分搅拌溶于一定量的 N, N–二甲基甲酰胺（DMF）中，得到均匀的混合溶液。然后将溶液转移到高压静电纺丝注射器中。获得了含有 Sb^{3+} 离子和 Fe^{3+} 离子的有机纤维。下面的步骤是对上述有机纤维进行碳化和硫化。碳化过程在管式炉中进行，温度为 500 ℃，氩气气氛持续 2 h。在此过程中，PMMA 被分解，PAN 被碳化，形成 N 掺杂的多孔非晶碳。所得产物为 Sb/Fe_2O_3@CNF。最后，在管式炉中完成硫化过程，Sb 和 Fe 离子被硫化得到 Sb_2S_3 和 FeS_2 纳米晶。因此，将双金属硫化物包裹在 N 掺杂的多孔碳纳米纤维中，获得所需的 Sb-Fe-S@CNFs 纳米复合材料样品。

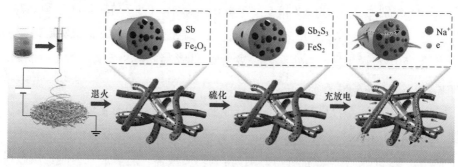

图 6.1　三维氮掺杂碳纳米纤维封装双金属硫化物（Sb-Fe-S）的制备示意图

　　利用 X 射线衍射（XRD）研究了样品的晶体结构。图 6.2（a）中，Sb-Fe-S@CNFs 的主 XRD 峰与 Sb_2S_3（JCPDS No.42–1393）、FeS_2（JCPDS No.42–1340）和碳纤维的原始信号吻合，与 HRTEM 的结果一致，说明 CNFs 成功制备并封装了双金属硫化物。如图 6.2（b）所示，拉曼光谱进一步证明了 PAN 碳化形成的 N 掺杂非晶碳。在 1 347 和 1 575 cm^{-1} 处发现有缺陷程度的 D 带和石墨微晶体产生的 G 带的两个峰，D 带和 G 带的比值（I_D/I_G）约为 1.38，证实了氮掺杂碳纳米纤维的非晶态特性。

通过氮气吸附和脱附测试来估算其比表面积和孔径分布。如图 6.2（c）所示，在 0.2～1.0 范围内存在滞后环的 N_2 型吸附和解吸等温线证实了 Sb-Fe-S@CNFs 中存在介孔和微孔。由此可见，从孔径分布图可以看出，大部分孔隙集中在 5 nm 处［图 6.2（d）］，且孔隙位于 PMMA 分解蒸发生成的碳纤维内部。这一结果与 SEM 观察结果一致。基于 N_2 的 Brunauer Emmett Teller（BET）比表面积约为 24.3 m²/g。较大的比表面积来自于碳纤维的中空多孔结构，有利于电解质的充分渗透和加速电子传递，有望具有良好的 Na 离子存储性能。

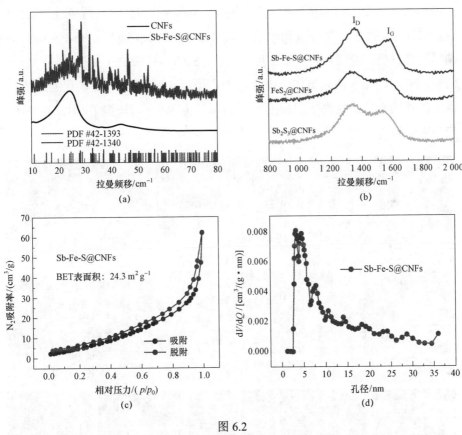

图 6.2

（a）Sb-Fe-S@CNFs 和纯 CNFs 的 XRD 谱图；（b）Sb-Fe-S@CNFs 的拉曼光谱；
（c）Sb-Fe-S@CNFs 的 Brunauer-Emmett-Teller 曲线；（d）Sb-Fe-S@CNFs 对应的孔径分布曲线

获得的 Sb-Fe-S@CNFs 材料通过场发射扫描电镜（SEM）和透射电镜（TEM）测试结果如图 6.3 所示。从 SEM 图像［图 6.3（a），（b）］可以看出，纤维呈现均匀的一维形貌，平均直径约为 400 nm。从 SEM 的横截面图［图 6.3（c）］可以看出，Sb-Fe-S@CNFs 内部有许多介孔，它们相互交联，甚至穿透整个纤维［图 6.3（d）］，使其具有多通道中空多孔结构。介孔一般是由 PMMA 分解蒸发产生的，有利于缓冲体积膨胀和更好的电解质渗透，最终获得更好的离子电导率和更长的循环寿命。高分辨率透射电镜（HRTEM）图像［图 6.3（e）和（f）］表明，获得的 Sb-Fe-S@CNFs 纳米复合材料包含两个不同的晶格周期。0.27 nm 的间距与 FeS$_2$ 的 200 面匹配良好，0.5 nm 的间距与 Sb$_2$S$_3$ 的 120 面对应良好。Sb$_2$S$_3$ 和 FeS$_2$ 之间清晰的相界表明了晶格失配和畸变的存在。界面上的晶格失配和畸变将为 Na 离子创造大量可接近的活性位点，这有利于离子在循环过程中的插入和提取。图 6.3（g）为 Sb-Fe-S@CNFs 纳米复合材料的能谱图，从图中可以看出，S、Sb 和 Fe 在 CNFs 中均匀分布。此外，N 和 C 元素的分布完全吻合，这是因为 N 元素是 PAN 碳化的产物，N 掺杂的碳纳米纤维提供了更快的电子和离子传输路径，确保了 SIBs 的快速反应动力学和优异的倍率性能。

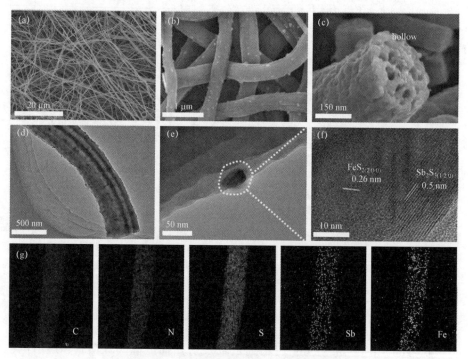

图 6.3　Sb-Fe-S@CNFs 的形态和结构特征

（a-c）SEM 图像；（d）TEM 图像；（e, f）HRTEM 图像；（g）相应 C、N、S、Sb 和 Fe 元素的 EDS 映射

利用 X 射线光电子能谱（XPS）研究了 Sb-Fe-S@CNFs 的表面化学组成。如图 6.4（a）所示，C、N、O、S、Sb 和 Fe 元素均被证实存在于样品中。C 1s 的能谱可以分解为三个峰 [图 6.4（b）]，283.9 eV 的主峰与 C-C/C＝C 有关，而 284.3 eV 和 285.6 eV 的小峰分别属于 C-N/C-S 和 C＝O。N 1s 谱图[图 6.4（c）]显示了吡啶 N（397.8 eV）、吡咯 N（399.4 eV）和石墨 N（401.3 eV）的特征峰。碳基体中的氮基可以与多硫化物产生强烈的极性相互作用，从而对硫物产生有效的限制效应。在 S 2p XPS 谱[图 6.4（d）]中，位于 163.1 eV 和 164.3 eV 的峰分别位于 S $2p_{3/2}$ 和 S $2p_{1/2}$ 轨道。S-C-S 键在 167.2 eV 处有一个小峰，说明部分 S 固定在缺陷碳上。另一个在 161.3 eV 处的小峰是 FeS_2 的 S $2p_{3/2}$。在 Sb 三维光谱 [图 6.4（e）] 中，Sb-Fe-S@CNFs 的两个主峰分别为 529.9 eV 和 538.9 eV，对应于 Sb_2S_3 的 Sb $3d_{3/2}$ 和 Sb $3d_{3/2}$ 的特征峰。531.3 和 532.8 处的两个峰是由 C＝O 和 C-O-C 键的形成。高分辨率的 Fe 2p 谱如图 6.4（f）所示。Fe $2p_{3/2}$ 和 Fe $2p_{1/2}$ 分别在 729.6 eV、723.7 eV、717.5 eV、712.8 eV、709.3 eV 和 705.5 eV 处有两个自旋轨道双峰和一对卫星峰。峰在 717.5 和

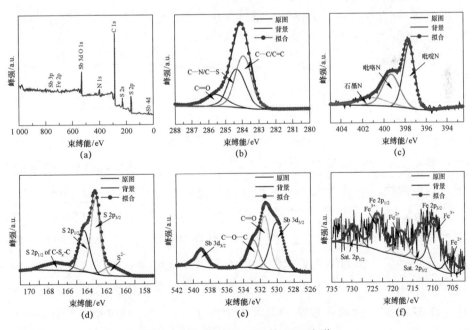

图 6.4　Sb-Fe-S@CNFs 的 XPS 光谱

（a）全谱图；（b）C 1s；（c）N 1s；（d）S 2p；（e）Sb 3d；（f）Fe 2p

705.5 eV 表示 Fe^{2+} 在 FeS_2 中的氧化状态。位于 723.7 和 709.3 eV 的峰表明 Fe^{3+} 的存在，Fe^{3+} 的存在可能是由于 FeS_2 的氧化，这与之前报道的结果一致。XPS 测试结果表明，所制备的 Sb-Fe-S@CNFs 纳米复合材料中含有 FeS_2、Sb_2S_3 和 N 掺杂 C，与 XRD 和 TEM 测试结果一致。

多孔结构和多相复合材料有望制备出高稳定性和高动态性能的电极。因此，我们采用 Sb-Fe-S@CNFs 作为 SIB 的负极来评价其电化学性能。为了比较，我们还研究了 FeS_2@CNFs 和 Sb_2S_3@CNFs 的电化学性能。图 6.5（a）为 Sb-Fe-S@CNFs，FeS_2@CNFs，Sb_2S_3@CNFs 的循环伏安（CV）图。可以看出 Sb-Fe-S@CNFs 的主峰是其他两个样品的叠加峰。至于 Sb-Fe-S@CNFs，在阴极扫描中，在 1.75 V 和 0.34 V 处出现了两个还原峰，这是由于 FeS_2 与 Na 离子的插层和转换反应，对应于 Na_xFeS_2 和 Fe 的形成，如式（6.1）和式（6.2）所示。另外两个在 0.69 V 和 0.09 V 处的还原峰分别来自于转换反应和合金反应生成 Sb 和 Na_3Sb（式 4.3 和式 4.4）。在阳极扫描中，在 1.07 V 和 1.89 V 处分别有两个明显的峰。在 1.07 V 处的峰是 Na_3Sb 的脱合金反应，并伴随金属 Sb 的形成。在 1.89 V 处的峰是由于 Na 离子从宿主中萃取，以及形成 FeS_2 和 Sb_2S_3。

$$FeS_2 + xNa^+ + xe^- \leftrightarrow Na_xFeS_2 (x<2) \qquad (6.1)$$

$$Na_xFeS_2 + (4-x)Na^+ + (4-x)e^- \leftrightarrow Fe + 2Na_2S \qquad (6.2)$$

$$Sb_2S_3 + 6Na^+ + 6e^- \leftrightarrow 3Na_2S + 2Sb \qquad (6.3)$$

$$2Sb + 6Na^+ + 6e^- \leftrightarrow 2Na_3Sb \qquad (6.4)$$

图 6.5（b）为 Sb-Fe-S@CNFs 负极在 50 mA/g 下不同循环情况下的恒流充放电曲线。可以看出，第一次放电和充电容量分别为 1 035 mA·h/g 和 808 mA·h/g。相应的首次仑效率为 78%。第一次放电/充电曲线的容量损失与电解质/电极界面形成 SEI 膜、电解质分解以及活性物质与 Na 的不可逆反应有关。作为钠离子电池负极的金属硫化物大多存在这一问题。与以后的循环相比，第一个循环的峰强度和位置发生了很大的变化，特别是位于 1.02 V 的阴极峰在以后的循环中消失了。此外，Sb-Fe-S@CNFs 负极的充放电平台明显比纯 Sb_2S_3@CNFs 和 FeS_2@CNFs 宽，说明复合结构具有更好的稳定性。

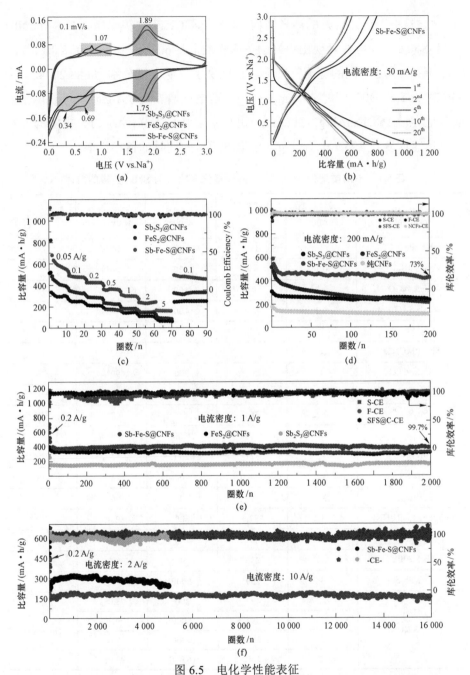

图 6.5　电化学性能表征

（a）Sb-Fe-S@CNFs、Sb₂S₃@CNFs 和 FeS₂@CNFs 在 0.1 mV/s 下的第二循环 CV 曲线；
（b）Sb-Fe-S@CNFs 在 50 mA/g 时的充放电曲线；（c）倍率性能对比；（d）Sb-Fe-S@CNFs 在 200 mA/g 的
充电/放电剖面；（e）Sb₂S₃@CNFs，FeS₂@CNFs 和 Sb-Fe-S@CNFs 在 200 mA/g 预循环 5 圈后在 1 A/g 的
充放电性能和（f）在 2 A/g 和 10 A/g 的超大电流下的长循环特性

此外，由于设计良好的纳米结构，Sb-Fe-S@CNFs 电极也比纯 FeS$_2$@CNFs 和 Sb$_2$S$_3$@CNFs 电极表现出更好的倍率性能 [图 6.5（c）]。在 0.05、0.1、0.2、0.5、1 和 2 A/g 不同的电流密度下，它提供了可逆容量分别为 683.2、489.1、430.7、367.6、303.4 和 240.5 mA·h/g。当电流增加到 5 A/g 时，可获得较大的可逆容量 168.1 mAh/g。此外，当电流密度恢复到 0.1 A/g 时，电池的容量可以迅速恢复到 495.7 mA·h/g，显示出明显的优越的倍率性能。

表 6.1 不同类型的 Sb$_2$S$_3$ 基和 FeS$_2$ 基化合物作为 SIBs 负极的概述

Anode material	Current density /（A/g）	Capacity retention /（mAh/g）	Cycle number	Capacity retention ratio	Ref.
Sb$_2$S$_3$@CNFs	1	179	1 000	87%	[189]
ZnS-Sb$_2$S$_3$@C	0.1	630	120	60%	[193]
FeS$_2$@GO	0.2	94	100	12.2%	[229]
Sb$_2$S$_3$/C	0.2	546	100	78%	[230]
Co$_{0.5}$Fe$_{0.5}$S$_2$	2	220	5 000	—	[231]
Sb$_2$S$_3$/MCNTs	0.05	412	50	62%	[179]
Sb$_2$S$_3$/CPC	1	200	200	90%	[232]
Sb$_2$S$_3$/rGO	0.5	414	200	61%	[233]
Sb$_2$S$_3$/C	0.2	384	50	62%	[234]
FeS$_2$	1	～190	20 000	～95%	[226]
Sb$_2$S$_3$/CS	0.2	321	200	52%	[228]
2D-SS	0.2	～400	100	～65%	[180]
Sb$_2$S$_3$	0.1	570	100	66%	[235]
FeS$_2$/Fe$_2$O$_3$@N-CNF	1	287.3	600	82.8%	[214]
Sb$_2$S$_3$/MoS$_2$	0.1	561	100	～70%	[206]
Sb$_2$S$_3$/PPY	0.5	236	50	60%	[236]
rGO/Sb$_2$S$_3$	5	239	2 000	81%	[220]
Sb-Fe-S@CNFs	0.2	427	200	73.0%	This work
	1	397	2 000	99.7%	
	2	296	5 000	99.0%	
	10	150	16 000	99.9%	

长循环稳定性也是钠离子电池电极材料的一个重要参数。图 6.5（d）中，Sb-Fe-S@CNFs、Sb$_2$S$_3$@CNFs 和 FeS$_2$@CNFs 在 200 mA/g 的电流密度下，经

过 200 次循环后的比容量分别为 427 mA·h/g、238 mA·h/g 和 216 mA·h/g。Sb-Fe-S@CNFs 的容量几乎是其单个组件的两倍。结果表明，所制备的 Sb-Fe-S@CNFs 优异的长循环稳定性主要来自双金属硫化物的协同作用。连续记录了样品在高电流密度下的长周期稳定性。正如预期的那样，Sb-Fe-S@CNFs 在 1 A/g 时经过 2 000 次循环后提供了 396 mA·h/g 的可逆容量，相当于初始容量（397 mA·h/g）的 99.7%，容量几乎没有衰减〔图 6.5（e）〕。而 FeS₂@CNFs 电极的容量从最初的 380 mAh/g 衰减到 280 mA·h/g，Sb₂S₃@CNFs 电极在 2 000 次循环后保持 164 mAh/g。显然，Sb-Fe-S@CNFs 在大电流密度条件下表现出最佳的循环稳定性，表明在 1 A/g 时具有优异的动力学性能。在 0.2 A/g 预循环后，当电流密度继续增加到 2 和 10 A/g 时，Sb-Fe-S@CNFs 仍然可以提供高可逆容量，分别为 296 mA·h/g（在 2 A g⁻¹）和 150 mA·h/g（在 10 A/g）〔图 6.5（f）〕。令人惊讶的是，Sb-Fe-S@CNFs 在 10 A/g 的超高电流密度下，可以达到 16 000 次的超长循环性能。相当于每循环损耗 0.016 9%，整个循环过程库仑效率接近 100%。其优异的 Na 离子存储性能主要归功于双金属硫化物异质结的构建以及与多孔碳纤维的结合。为了证实这一结论，本书列举了其他一些类似的工作。由表 6.1 中可以看出，与单一金属硫化物相比，双金属硫化物在倍率性能和循环稳定性方面具有明显优势，这与我们的结果一致。

利用电化学阻抗谱（EIS）研究了 Sb-Fe-S@CNFs、Sb₂S₃@CNFs 和 FeS₂@CNFs 三种样品的电导率和反应动力学。Nyquist 图及相关拟合曲线如图 6.6（a）所示。低频处的线表示 Warburg 扩散过程（Zw），高频处的半圆表示电荷转移电阻（Rct）（插图为等效电路）。测试结果表明，Sb-Fe-S@CNFs、Sb₂S₃@CNFs 和 FeS₂@CNFs 的 Rct 分别为 72.13Ω、88.92Ω 和 146.8Ω。Sb-Fe-S@CNFs 的低电荷转移电阻是由于 Sb-Fe-S@CNFs 复合材料的精细异质结构所产生的内部电场大大促进了电荷转移过程，有利于 Na 离子在循环过程中的快速扩散。为进一步了解 Na 离子扩散过程，由下式计算出三个电极的 Na 离子扩散系数（D_{Na+}）：

$$D_{Na+} = RT^2/2A^2n^4F^4C^4\sigma^2 \tag{6.5}$$

$$Z' = R_e + R_{ct} + \sigma^{-1/2} \tag{6.6}$$

其中，R 是气体常数，T 是热力学温度，A 是电极的表面积，n 是每个分子的转移电子数，F 是法拉第常数，C 是 Na 离子的浓度，σ 是与 Z' 相关的 Warburg

因子。图 6.6（b）为 Sb-Fe-S@CNFs、Sb$_2$S$_3$@CNFs、FeS$_2$@CNFs 负极经过 5 个循环后，低频区域的实阻抗（Z'）与频率$(\omega^{-1/2})$($\omega=2\pi f$)的反平方根的关系。低频时斜率越低，说明电极材料中的 Na 离子动力学越好。如图所示，Sb-Fe-S@CNFs 材料的斜率越低，说明 Na 离子的插入/萃取动力学越快。实际上，由式 6.5 和式 6.6 可计算出 Sb-Fe-S@CNFs、Sb$_2$S$_3$@CNFs、FeS$_2$@CNFs 负极经过 5 次循环后的特异 D_{Na+} 值分别为 9.68×10^{-15}、3.06×10^{-17}、2.99×10^{-17} cm^2/S。可见，Sb-Fe-S@CNFs 电极的 D_{Na+} 值比 Sb$_2$S$_3$@CNFs 和 FeS$_2$@CNFs 电极的 D_{Na+} 值最大，进一步说明双金属硫化物形成的多相界面加速了 Na 离子的扩散，从而提高了电池的动力学性能。

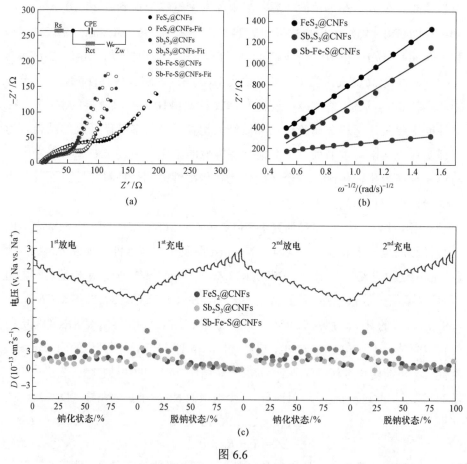

图 6.6

（a）Sb-Fe-S@CNFs，Sb$_2$S$_3$@CNFs 和 FeS$_2$@CNFs 电极的 EIS；（b）Z' 与 $\omega^{-1/2}$ 之间的线性拟合关系；
（c）第 11 次充放电过程（100 mA/g）的 GITT 曲线及对应的 Na 离子扩散系数

恒电流间歇滴定技术（GITT）也是获得反应动力学行为信息的一种重要方法。通过分析电势变化与弛豫时间的关系，结合活性材料的物理化学参数，可以计算出 Na 离子在充放电过程中的扩散系数。因此，采用 GITT 测试对三个电极进行了 Na 离子动力学行为分析。Na 离子扩散系数计算：

$$D_{\mathrm{Na^+}} = \frac{4}{\pi\tau}\left(\frac{mV_m}{MA}\right)^2\left(\frac{\Delta E_s}{\Delta E_t}\right)^2 \tag{6.7}$$

式中，m、M 分别为活性物质的摩尔质量和质量；V_m 为摩尔体积（由电池参数计算）；A 为电极的活性表面积；τ 是脉冲持续时间。ΔE_s 和 ΔE_t 是准平衡电势和恒流脉冲中的电势变化。如图 6.6（c）所示，Sb-Fe-S@CNFs 的 D 值（Na 离子扩散系数）大于 Sb₂S₃@CNFs 和 FeS₂@CNFs 脱、嵌钠的过程，这可能是由于丰富的相界面双金属硫化物形式的晶体缺陷，形成了更多的活性位点，有利于 Na 离子的扩散。

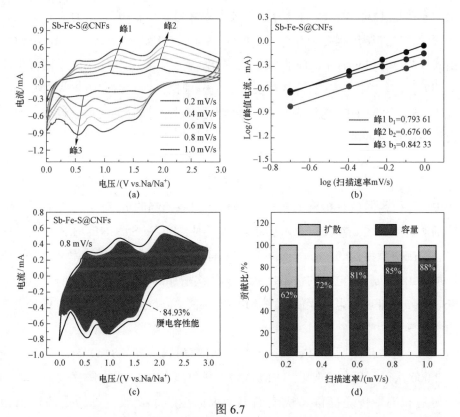

图 6.7

（a）Sb-Fe-S@CNFs 电极在不同扫描速率下的 CV 曲线；（b）Sb-Fe-S@CNFs 的 log i 和 log v 之间的拟合线；（c）0.8 mV/s 时的电容贡献图；（d）Sb-Fe-S@CNFs 电极在不同扫描速率下的电容贡献

鉴于 Sb-Fe-S@CNFs 电极具有良好的倍率性能和长周期稳定性，我们通过一系列 CV 试验进一步研究了其动力学来源。CV 测量在 0.2~1.0 mV/s 的扫描速度下进行。如图 6.7（a）所示，随着扫描速率的增加，峰值形状保持较好，但峰值位置略有偏移，扫描面积逐渐增大。通常，通过匹配扫描速率和峰值电流响应，固定电压下的电流响应可以认为是赝电容效应和扩散控制的 Na 离子插入/提取两种不同机制的组合。更准确地说，CV 曲线的峰值电流（i）是与扫描速率（v）相关的幂律，由式（6.8）可知：

$$i = av^b \tag{6.8}$$

$$\log i = b\log v + \log a \tag{6.9}$$

其中 a 和 b 均为数据拟合得到的调制参数。通过 b 值的计算，可以用来判断赝电容行为是否存在。在电池行为模式下，b 值接近 0.5，因此该过程被认为是扩散控制。当行为为赝电容时，峰值电流（i）随扫描电压线性变化，且 b 值大多接近 1.0，说明表面电容控制过程为。当 b 值在 0.5~1 时，它与电容效应和扩散控制过程有关。对式（6.8）两边取对数，得到式（6.9），b 值可由式（6.9）中 $\log(i)$–$\log(v)$ 曲线的斜率计算得到。图 6.7（b）为不同峰电流下的 b 值，其中峰 1、峰 2、峰 3 对应的 b 值分别拟合为 0.88 V、0.90 V、0.95 V，说明 Sb-Fe-S@CNFs 电极表面电容控制与扩散控制共存的动力学过程。赝电容贡献的比例可由式（4.10）或式（4.11）量化。

$$i(v) = k_1 v + k_2 v^{1/2} \tag{6.10}$$

$$i(v)/v^{1/2} = k_1 v^{1/2} + k_2 v \tag{6.11}$$

式中，k_1 和 k_2 是线性拟合的常数。$k_1 v$ 表示电容控制的贡献，$k_2 v^{1/2}$ 表示扩散控制的贡献。图 6.7（c）中，在 0.8 mV/s 时，Sb-Fe-S@CNFs 在阴影区域的电容控制贡献为 84.93%。从图 6.7（d）可以看出，随着扫描速率从 0.2 mV/s 增加到 1 mV/s，赝电容的贡献比从 62% 依次增加到 88%。结果表明了电池的 Sb-Fe-S@CNFs 中电荷存储的主要位置为赝电容过程，进一步证明了其快速的电化学动力学。

为了进一步阐明 Sb-Fe-S@CNFs 电极的优越性，图 6.8（a）显示了在 1 A/g 下 2 000 次循环后的非原位 TEM 图像。碳纤维的中空结构保存较好，为电子传递和离子传递提供了快速通道，大大缓解了充放电过程中的体积膨胀。此外，EDS 分析发现，图 6.8（f）中 C、N、S、Fe、Sb 等元素分布均匀，说明活性材料在循环过程中没有明显的团聚现象，这也是电池循环性能优异的原因。

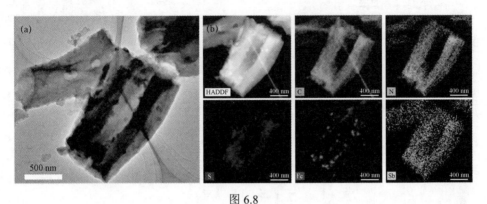

图 6.8

（a）Fe-Sb-S@CNF 在 1A g⁻¹ 处 2 000 循环后的非原位 TEM 图像；（b）EDS 映射图像

6.4　本章小结

利用静电纺丝技术成功地将双金属硫化物（Sb₂S₃@FeS₂）嵌入到氮掺杂多孔碳纤维中。制备的 Sb-Fe-S@CNFs 具有优良的倍率性能和长周期稳定性。微观结构和相组成表征表明，Sb₂S₃ 和 FeS₂ 在碳纤维中均匀分布，经过 2 000次循环后基本保持了原有的形貌和结构。这得益于碳纤维的多孔结构，可以极大地缓冲充放电时的体积变化。EIS 和 GITT 分析表明 Sb-Fe-S@CNFs 比单一金属硫化物具有更高的 Na 离子扩散系数，通过不同扫描速度下的 CV 试验计算进一步表明 Sb-Fe-S@CNFs 复合材料具有较高的赝电容贡献率。这是性能优良、周期稳定的重要原因。综上所述，制备的 Sb-Fe-S@CNFs 离子电池具有很大的潜力，其制备方法可推广到其他材料。

第 7 章

原位焦耳热方法在 Au–ZnSe 纳米线接触处的阴极控制合金化处理

7.1 引 言

近年来，具有特殊理化性能的半导体纳米线由于其在纳米电子学方面的应用吸引了人们大量的注意力，这些特殊的理化性能通过开关、存储、接收以及传输信息促进了智能电子系统的发展。此类器件中的大部分都是基于一种金属–半导体–金属（M-S-M）纳米结构，这种结构在数字与模拟电路中都非常常见，并且主宰了电子器件工程几十年。对于固态电子器件的性能，半导体的电学接触是它的核心部分，因为在这种 M-S-M 结构中，电流的输运机理主要由金属与半导体（M-S）接触的性能决定。由半导体纳米线所做成的纳米电子器件在高电流密度的情况下操作时，为了使连接纳米电子器件活性区域与外部电路的接触获得很低的比接触电阻，要求纳米线与金属电极之间建立非常紧密的连接。在现代半导体工业中，界面合金化处理是制造理想接触的一个标准流程。然而，由于单根纳米线尺寸微小，在进行 M-S-M 纳米结构的可控界面反应时会有一些固有的技术极限。纳米线由于其极细微的直径会导致高电流密度以及明显的焦耳热现象。尽管这种焦耳热效应会导致一些纳米结构的退化，甚至 M-S-M 结构的破坏，但焦耳效应有一个主要的优点，就是极少的热量就能达到所需的温度，可以促使无定形的纳米线原位结晶以及可以焊接较薄的金属纳米线。然而，到目前为止，除了镍、铂带以及硅纳米线之间的反应外，极少有人报道关于金－硒化锌接触的界面合金化处理，这种处理过程是利用焦耳热发生在 M-S-M 纳米结构中。

本章报道了利用原位自加热方法在金－硒化锌纳米线界面进行合金化反应的实验，结果显示反向偏置的金电极在界面处发生了熔化，并且硒化锌纳米线的尖端被熔化后直径大约为 150 nm 的金颗粒所覆盖。

7.2　实验过程

7.2.1　ZnSe 纳米线的生长

ZnSe 纳米线的生长使用的是特意制作的 VG V80H 分子束外延系统（MBE）（UK）。纳米线可以直接生长在 GaAs 基底上，使用的是化学气相沉积的方法，在 530 ℃的条件下 ZnSe 混合源泄流室中生长。

7.2.2　ZnSe-Au 接触的形成以及性能测定

焦耳实验的观察与分析是在透射电子显微镜（TEM，JEOL－2010）的腔室中进行的，工作电压为 200 kV。使用了原位扫描隧道显微镜（STM）支架（型号为 HS 100STM-holder™），该实验装置由一个样品支架（固定电极）与一个 STM 尖端支架（可移动电极）组成。两个电极都是用金丝做成的。通过机械刮擦 GaAs 基底上的单根硒化锌纳米线，使之实现与金线之间的接触。为了使金丝的尖端尽可能锋利，使用的是 Gatan Company（model 691）离子减薄仪对金丝的前端进行氩离子轰击刻蚀，倾斜角为 5°，加速电压为 4 kV。轰击后，前端直径可以减小到微米量级。实验装置如图 7.1 所示。探针与电极板之间通过预先调节，使其距离保持为 20 μm，此时使用的是光学显微镜（Nikon SMZ－2B），放大倍数为 40。

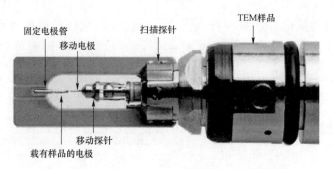

固定电极管
移动电极
扫描探针
TEM样品

移动探针
载有样品的电极

图 7.1　HS 100STM-holder™ 型透射电镜样品台

7.3　结果与讨论

7.3.1　通过原位焦耳热的可控界面反应

　　图 7.2（a）展示了两根 ZnSe 纳米线与探针电极形成连接，通过此连接实现了电学接触。这两根纳米线的直径大约为 100 nm，伸出到了对电极的外边，当纳米线与电极接触时，受到电极表面静电场的吸引，被牢固地吸附在电极表面。当硒化锌与金被紧密地放到一起时，由于金的费米能级比硒化锌的费米能级要低，因此电子会迅速地从硒化锌流向金，直到它们的费米能级到达同一条水平线上。如图 7.3（a）所示，电子流入金表面会导致硒化锌耗尽区的形成。耗尽区的存在使得电子从金属流向半导体的势垒高度为 $\Phi_{Au} - \chi$，从半导体流向金属的势垒为 $\Phi_{Au} - \Phi_{ZnSe}$。Φ_{Au} 与 Φ_{ZnSe} 分别表示金与硒化锌的功函数，χ 表示硒化锌的电子亲和势。由于 Φ_{ZnSe} 大于 χ，$\Phi_{Au} - \chi$ 明显要大于 $\Phi_{Au} - \Phi_{ZnSe}$。如图 7.3（b）所示，当金电极与电源的负极连接时，降低了金的费米面，使更多的电子从 ZnSe 流入金电极，导致耗尽区进一步增大。因此，无论是势垒的高度还是耗尽区的厚度都被增加了。在这种情况下，硒化锌纳米线中耗尽区会有更多的电子流入金电极，由此导致负极处耗尽区电阻的增加。与此相反的是，当在金电极上添加一个正向偏置电压时，势垒的高度以及耗尽区的厚度都会减少，由此导致耗尽区电阻的减少，这是因为正极处耗尽层中电子的数量增加了。对于图 7.2（a）中的电路，是由两个肖特基接触

背靠背串联在一起的。因此，当电流流过这样一个 M-S－M 纳米结构时，总是会有一个接触处于正向偏置的条件，而另外一个则被反向偏置。由于同样的电流会经过电路中的每一个原件，因此在反向偏置的肖特基接触处将会产生更多的焦耳热，因此可以推断界面反应将会首先发生在负极处。

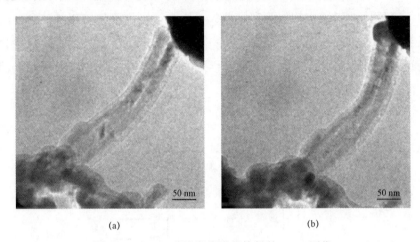

(a)　　　　　　　　　　　　　　(b)

图 7.2　Au-ZnSe 纳米线形成接触的 TEM 图像

（a）TEM 图像展示了 ZnSe 纳米线与纳米操作探针连接形成电接触；（b）TEM 图像描述了通过原位电流自加热后，金探针电极与硒化锌纳米线的界面形貌的变化，界面处金电极的熔化清晰可见

从图 7.2（a）中可以看出，金探针电极与硒化锌纳米线的界面比固定金电极与硒化锌纳米线界面要清楚，所以电源的负极与金探针连接，使金探针与硒化锌纳米线界面的肖托基势垒处于反向偏压，因为反向偏压的肖托基势垒可以产生更多的焦耳热。Nanofactory™ SU1000 控制器用作焦耳热实验中的直流电源，可以提供达到 100 V 的电压。纳米线在使用过程中保持接地状态，使用 Nanofactory™ 软件为探针添加 +/－偏压。为了限制接触处的界面反应，实验中所使用的单电流脉冲的加热时间很短，仅为 50 μs。对每个加热周期所加的单电流脉冲的持续加热时间为 50 μs，且两个连续电流脉冲之间电压值的增长被设定为 0.2 V。焦耳热实验的测定范围为 5～50 V，直到在 M-S 接触处发生界面合金化。通过 TEM 观察了原位焦耳热中所发生的形貌改变过程。当外加偏压值增加到临界电压时，在反向偏置的肖特基接触处发生了明显的形貌变化，如图 7.2（b）所示，有一个直径大约为 50 nm 的颗粒状产物覆盖在了纳米线的尖端，使得在接触区域形成了金－硒化锌纳米线复合异质

结构。本研究中，这种界面合金化处理在超过五个此类 M-S－M 纳米结构中都可以重复获得，这是因为只要仔细地调节接触区域，就可以可控地熔化金电极。我们还发现接触面积对于实现界面合金化非常重要，因为接触处的电流密度与接触面积成反比。当接触积小于纳米线的横截面时，M-S 接触处的电流密度比纳米线中的电流密度要大，因而，电流产生的焦耳热会高度局限在界面处。在此情况下，接触处的电流脉冲所产生的焦耳热瞬间积聚会使温度迅速增加，由此导致金电极原位熔化。以同样的方式，硅纳米线顶端所产生的热量可以用来切断碳纳米管。

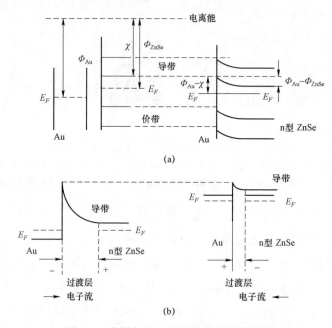

图 7.3　金属与半导体接触的能带结构图

（a）金属与 n 型半导体形成接触的能带结构，金属的功函数大于半导体，左边是接触前，右边是接触后，加粗的线条表示接触处的势垒；（b）在反向以及正向偏置电压条件下金属－半导体接触的能带示意图。加粗的虚线代表未加偏压时的费米能级

接触处由焦耳热产生的声子模大体上可以分为两种，即纵模与横模。纵向的声子模沿着纳米线与电极的方向传输，横向的则被电极与纳米线表面限制，局域在界面处。负极处的声子限域效应是造成金电极原位熔化的原因，因为对于 M-S－M 结构，热量的产生区域主要集中在接触电极。事实上，电极耗散的热量与电流所产生的热量之间会有一个竞争，当热量产生超过了热

量耗散，节点处的温度就会迅速升高最终导致金电极的熔化，因为金的熔点比硒化锌低约 500 ℃。当温度上升到金的熔点时，熔融的金与 ZnSe 之间发生化学反应。因为高温时表面的 Zn 或者 Se 会流失或者扩散到开放的环境中，表面的化学计量比将不再严格遵从 Au-ZnSe 这个结构，可能会有 Au-Se、Au-Zn 或者 Au-Zn-Se 合金混合物形成，这一点可以从相图中得到证实。硒化锌与金所发生的化学反应可以由下面的热反应方程式来确定：

$$\Delta H_R = \frac{1}{X}[H_F(ZnSe) - H_F(Au_X Zn)] \tag{7.1}$$

对应的反应是：

$$Au + \frac{1}{X}ZnSe \rightarrow \frac{1}{X}[Au_X Zn] \tag{7.2}$$

或者

$$\Delta H_R = \frac{1}{X}[H_F(ZnSe) - H_F(Au_X Se)] \tag{7.3}$$

对应的反应是：

$$Au + \frac{1}{X}ZnSe \rightarrow \frac{1}{X}[Au_X Se] \tag{7.4}$$

其中，$Au_X Zn$ 与 $Au_X Se$ 是归一化后每一个金属原子最稳定的金属-阴离子产物。当相同的半导体与不同的金属接触时，$\Delta H_R < 0$ 则发生界面反应，反之 $\Delta H_R > 0$ 时则观察不到界面反应的发生。在大部分情况中，肖特基势垒高度的变化大约发生在 $\Delta H_R = 0$ 时。并且已经有文献证实了这种现象，在合金化处理后，通过测量 I-V 曲线发现阈值电压被明显降低了。当 AuSe 的 ΔH 为 -0.08 eV/atom，AuSe 相的形成最有可能发生在合金化合物中。由于 AuSe 有两种相，如α-AuSe 和β-AuSe，两者的空间群都为 $C2/m$，由于两个相的晶胞参数不同，所以高分辨透射电子显微镜（HRTEM）可以用来区分这两种晶体相。

7.3.2　通过原位焦耳热反应后界面微结构分析

图 7.4 展示的是一个典型的界面反应微结构图，从图中可见到明显的堆放无序现象。这种无序会导致不同重复周期的交叉生长。图中所标出来的晶格周期比硒化锌以及金的晶格常数都要大，其中硒化锌为 $a = 0.57$ nm，金为

$a = 0.4$ nm，因此证实电流自加热后生成了新的合金相。由于金和硒化锌也可以形成多种二元以及三元的相，这种复杂的微结构很有可能是这些二元或者三元相结构的共存相。在图 7.4 左下角的插图中可见与图 7.4 相对应的电子衍射图，图中所展示的是衍射线而不是衍射斑点，这是因晶体结构堆放无序引起的，因此，没有一种晶体的结构与图中的电子衍射图样相吻合。所幸的是，在合金化合物表面附近区域有一段很窄的面积还存在单晶

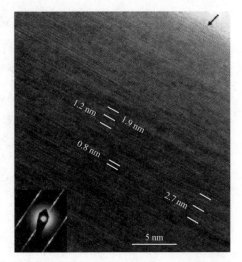

图 7.4　界面处的高分辨透射电子显微图像

结构，如图 5.4 中箭头所指的区域显示了单晶特性，这一点可以从图 7.5 的放大图中可以看出，晶格条纹的间距为 0.37 nm 以及 0.8 nm，分别对应了 β-AuSe 中的（010）面与（100）面。同样对于该区域的快速傅里叶变换（FFT）也与 β-AuSe 一致（图 7.5 左上角的插图），并根据 β-AuSe 的特点标出了晶面指数。根据 HRTEM 图像以及对应的 FFT 花样图，可以推断的是，尽管合金化合物中其他两元或者三元相的存在还需要进一步论证，但是经过焦耳加热后所发生的界面反应过程中确实形成了 β-AuSe 相。

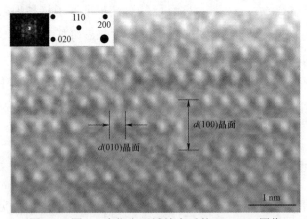

图 7.5　图 5.4 中指定区域放大后的 HRTEM 图像
图 7.5 是图 7.4 中箭头所示区域的放大像，间距为 0.37 nm 和 0.82 nm 的晶格条纹分别与
β-AuSe 相的（010）和（100）晶面对应

图中清晰地展示了不同重复周期片层的共生结构，由于多种周期结构共生使得衍射斑点拉长成左下侧插图所示衍射线。

7.4　本章小结

总的来说，本章介绍了一种原位焦耳热的方法对 Au-ZnSe 纳米线的界面进行合金化处理。由于电流诱导的焦耳热高度集中在负极接触处，因此界面合金化处理非常不均匀，并且可以通过控制 M-S 接触处偏置电压的极性来调节与控制界面合金化处理的过程。纳米规模的界面合金化处理可以改善 M-S 接触的微结构，优化这种结构的传输特性，从而进一步增强这种由半导体纳米线所制成的纳米电子器件的性能。

第8章

应变后 ZnSe 纳米线电荷输运能力的增强

8.1 引　言

有特殊理化性能的纳米线在电光学器件和生物化学传感器件方面具有的潜在应用价值。根据设计的要求，高性能的纳米电子器件需要大量的电学与光学性能优异的纳米线。尽管已经合成的纳米线在晶体结构方面具有较好的质量，但是它们还不能完全满足其在器件方面的特殊应用需求。因为纳米线直径很小，导致通过纳米线的电流密度很高，所以对大工作电流的纳米器件要求纳米线必须有很高的电流运载能力。因此，提高纳米线的电输运能力就成为改善纳米器件效能的重要保障。据文献报道，应变对半导体的能带结构有很重要的影响，比如影响能带结构的几何形状与能带移动，另外也是一种调节纳米线电子输运特性的方法。一方面，纳米线中可以分别引入沿轴向与径向的应变。具有核壳结构的纳米线可以构建径向的异质结，此时应变主要集中在核壳结构的界面。另一方面，外加应力可以通过弯曲或者压缩/拉伸纳米线来引入。由应变诱导的形变可能会带来一些优越的性能。比如有应变的纳米线中的能带偏移可以导致更好的导电性以及更高的电荷载流子迁移率。半导体纳米线中的应变，它们的晶体结构没有反转中心是纳米发电机中产生压电效应的原因。Chen 等人利用原子力显微镜以及拉曼光谱分析了应变在单根半导体纳米线中的分布情况。但是，控制应变在纳米线中的分布这一点却远远还不能达到要求。尽管有应变的纳米结构会使纳米线具有某些特殊的功能并使其在光电纳米器件等方面有潜在应用价值，但是关于由外力在预先选定的区域引入应变的知识依然不够明了。应变对半导体纳米线的光学与电学性能的影响已经有了比较系的研究，但是到目前为止还没有相关文献对其热学稳定性进行研究。

本章利用原位焦耳热处理实验研究了调控单根纳米线电流输运能力的方法。通过仔细调整纳米探针电极，在 ZnSe 纳米线中的选定部位可控地制造应变。本实验的主要目的是探究调节单根纳米线电流输运能力的方法。实验结果表明，在同一根纳米线当中，有应变的部分展示了更好的对抗焦耳热的能力，因为没有应变的部分完全被电流诱导的焦耳热所破坏，而应变的部分几乎保持完整。这种局部应变纳米线对于原位电流诱导焦耳热的不均匀反应表明，在局部引入应变可以显著提高电导与热阻，使得单根纳米线中应变部分明显提高了载流容量。

8.2　实　验

8.2.1　纳米线的制备

本实验中使用的 ZnSe 纳米线的直径大约为 20～50 nm，纳米线的制备与第 5 章介绍的方法相同。利用透射电子显微镜（JEOL–2010）表征 ZnSe 纳米线的微结构。电子枪的加速电压为 200 kV。形貌的表征表明这种 ZnSe 纳米线是单晶的，沿着 [111] 方向生长，是闪锌矿类型的 ZnSe 晶体，具有面心立方结构。

8.2.2　实验设备

为了在单根 ZnSe 纳米线上进行应变及原位热稳定性研究，使用前一章已介绍的透射电镜样品台。纳米线向固定电极上的转移及焦耳热处理方式均与第 5 章相同。

8.3　结果与讨论

8.3.1　在纳米线的选定区域可控地引入应变

　　由于有许多的因素，比如纳米线的直径、表面状态、纳米线与电极界面处的肖特基势垒等都可能影响纳米线中的电流，本书中测得的单根纳米线的电流－电压特性曲线只是一个特定的样品。因此，通过比较不同的纳米线的电流－电压特性并不能完全说明应变对 ZnSe 纳米线电流输运能力的影响。为了明确阐明应变对纳米线电流输运能力的影响，比较同一根纳米线中有应变的部分与没有应变的部分的热稳定性是十分必要的。当一个较大的电流顺次流过一根部分有应变的 ZnSe 纳米线时，通过比较有应变和没应变部分的热稳定性，就能很好地说明它们所具有的不同电流输运能力。如果有应变的部分形貌保持完整，而没有应变的部分被焦耳热所破坏，那么应变诱导的电荷运输能力的增强就得到了证实。相反，如果有应变的部分首先被破坏，那么就证明应变会减少电流输运能力。如果这两个部分在原位电流诱导焦耳热的条件下同时被破坏，则证明应变对电流输运能力没有影响。因此，在单根纳米线中可控地引入局部应变是进行该实验的重要基础。由压电陶瓷管驱动的探针电极被用来给纳米线施加轴向压力。为了使应变限制在单根纳米线的局部区域，通过 TEM 的监测，在三维空间内精确操纵探针电极，将其放在预先选定的位置，然后施加轴向压力才能产生所需的应变。如图 8.1（a）所示，纳米操作探针以精确到纳米的步长首先被调整到具有统一直径的 ZnSe 纳米线的右端，然后以一种相对缓和的方式移动探针将右端的纳米线推到固定的电极。为了在 ZnSe 纳米线的选定部分制造局域应变，探针应该被放到一个与右端有一定距离的选区。在纳米操作探针的压力下，由于纳米线的左端被固定在初始位置，通过一个静态电场以及固定电极界面的摩擦力，纳米线通常会弯曲变形。探针被移除之后，纳米线有弹性形变的地方回到了最初的笔直状态，但是塑性形变部分保持了弯曲状态，分别如图 8.1（b）与图 8.1（c）所示。

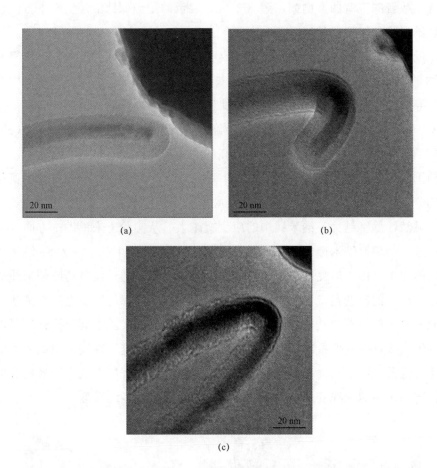

图 8.1　TEM 明场像展示单根 ZnSe 纳米线受到沿长度方向的应变发生弯曲前后
（a）弯曲前；（b）ZnSe 纳米线的右端处发生弯曲；（c）纳米线的中部发生弯曲；
（b）图与（c）图比较最明显的变化是由应力的方向发生改变所导致的

根据实验结果，纳米线的曲率是通过在 TEM 下追踪其主链。如图 8.1（c）所示，尽管纳米线被弯曲了将近 180°，但是在高分辨 TEM 下依然观察不到任何显微裂缝。纳米线中这种很好的适应于形变的特性主要是由于纳米线有比较大的比表面积。长纳米线通常会在两个电极的中间部位或者压缩应变附近发生弯曲形变。因此，纳米线的弯曲部位能够通过移动探针改变按压位置来进行调整。在原位压缩的过程中，由于纳米线弯曲的方向依赖于探针移动的方向，因此纳米线弯曲的形貌可以通过改变探针运动方向来控制。探针不是沿着水平方向运动，而是分别倾斜向上或向下移动，导致纳米线向上或者向下弯曲。例如，图 8.2（a）展示的是当探针沿倾斜向下方向移动时纳米线向下弯曲的情况。

受压缩纳米线的形貌的改变导致有应变部位的方向发生改变。弯曲的纳米线形状像个发夹，引入的应变主要集中在弯曲部位，因为在单晶中应变会导致一些与母体相比不规则的对比度，这是因为弯曲部位的导向发生了改变。基于对比度中的一些重要变化，通过直接观察图 8.1（b）与图 8.1（c），弯曲纳米线中的应变分布能够在相对高的空间精确度上粗略地估测出来。仔细地测量证实图 8.1（b）与图 8.1（c）中应变所导致的沿轴向的对比度变化大约分别为 50 nm 与 140 nm。因此，应变的比例能够通过 TEM 图片估测出来。显然，曲率越大，纳米线中的应变就越大。从实验上来说，一方面，可以通过仔细调控纳米操作探针来得到图 8.1（b）与图 8.1（c）中 ZnSe 纳米线不同的曲率。由于应变的大小与弯曲的度数成比例，通过调节弯曲纳米线的曲率，产生的应变是定性可控的。另一方面，除了曲率的大小之外，纳米线中应变产生的位置也是可控的，因为只需要在我们的实验中调节探针就可以选择纳米线弯曲的位置。因此，通过原位 TEM 技术，能够在同一根纳米线中的不同位置多次引入曲率不同的应变，这能够在很大程度上改变纳米线的形貌，比如，将纳米线变成锯齿形，发夹形，圆形或者多边形等。

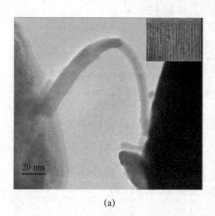 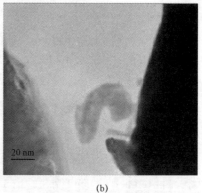

（a）   （b）

图 8.2　TEM 明场像展示了单根 ZnSe 纳米线受到沿长度方向的应变后发生弯曲
对外加电场的反应（a）燃烧前（b）燃烧后。ZnSe 纳米线的直线部分发生热蒸发了，
弯曲部分保留着，（a）图右上角插入的是纳米线的（111）晶面边缘图像，
从图中可见纳米线沿 [111] 方向生长

弯曲纳米线中的应变也能通过比较弯曲前后纳米线的长度来进行粗略的估测。应当指出的是，在 TEM 图像中所测得的弯曲纳米线的长度是非常粗糙的，因为 TEM 图像中所观察到的纳米线只是实际纳米线在像平面的一个投影。一般来说，纳米线与入射电子束之间有一定的倾斜角，这会导致一些明显的投射长度上的错误，除非调整纳米线使之与入射电子束垂直。即使初始纳米线被放在一个与入射电子束垂直的方向，当弯曲纳米线与入射电子束之间有一定夹角时，弯曲纳米线的投射长度在像平面上仍然会比较短。如果纳米线的弯曲方向与入射电子束方向一致，纳米线在像平面的投射长度将会是最短的，如图 8.2（a）所示。因此，直接通过测量 TEM 图像中弯曲纳米线的长度不能确保对应变进行定量的分析。这种直接测量应变的方法通常被认为是半定量的。文献中报道的用这种方法测量的弯曲了 90° 的 ZnSe 纳米线名义上的应变为超过 25%。

8.3.2　应变后 ZnSe 纳米线中电流输运能力的增强

应变对电流输运能力的影响能够毫无疑问地得到阐明，通过同一根纳米线中有应变与没有应变的部分的几种不同的失效方式。为了使失效的纳米线仍保持在视野中，对电极在几种不同的排列方式下的情况都进行了测试。当两个电极在沿着 TEM 光轴或者入射光线方向的同一高度时，弯曲的部分几乎也保持了相同的高度。在此情况下，弯曲部分的剩下部分向下降，并在两个直线部分燃烧之后走出了视线。为了使有应力部分的剩余部分在纳米线燃烧之后仍然处于视野之中，有必要使用探针作为支撑来收集失效纳米线的有应力部分。但是如果它完全被探针电极覆盖，那么有应力的部分仍然处于视野之外。因此，我们有计划地摆放探针，使之处于弯曲纳米线之下，并且沿着入射电子束的方向，并使他们排成一排，彼此之间稍微分开，使之在像平面内有一定的视野。此时可以通过探针电极来收集有应力部分的剩余部分。为了实现有应力纳米线与电极之间的这种排列，纳米线必须在中央部分沿着入射电子束的方向向下弯曲。本实验选择了一根均一的，笔直的且没有明显的形貌缺陷的纳米线比如无位错，表面台阶，污染层（如外表面有无定性碳）等缺陷并且首次将其弯曲了将近一半，如图 8.1（b）所示。然后移除探针电极释放其他部分的弹性应力，使同一根纳米线中既有有应力部分，也有无应力部分。最后，移动探针电极使其与弯曲的纳米线接触形成电流回路。为了避免在弯曲纳米线的直线部分制造额外的应力，在使电极与纳米线接触的过程中必须特别小心，动作要十分轻柔。图 8.2（a）展示的就是弯曲的 ZnSe 纳米线与两个金电极接触形成电流回路时的最终构图，通过这种结构实现了电学接触。尽管纳米线具有几乎均一的直径，但是由于两个电极在沿着入射电子束的方向不在同一高度，处于两个电极中间的弯曲纳米线的直径看上去不对称。弯曲 ZnSe 纳米线会导致纳米线中有应力的部分与没有应力的部分共存。有应力的纳米线中对比度的变化是由于在弯曲纳米线的过程中沿入射电子束方向的导向发生了改变。

许多研究小组都使用 Nanofactory™ SU100 controller 来提供 0～100 V 的直流偏置电压以完成原位电流诱导热试验。在整个偏置电压范围内设置了 1 000 个电压值。每个电压值的被设置为 50 μs。两次连续测量值之间的时间间隔也被设为 50 μs。有应力与没有应力部分的电阻可能会不相同，这会导致在一根弯曲的纳米线中由于有计划地引入应力，使各部分具有不统一的电阻。当电流通过这种局部有应力的纳米线时，根据焦耳定律，这些不同的部分会有不同的热耗散，也就是说热耗散分别与有应力及无应力部分的电阻成比例。电流诱导焦耳热会在不同的地方使其自加热。外加电场所导致的有应力部分 ZnSe 纳米线的形貌变化是通过原位 TEM 来进行观察的。偏置电压在每一个测量回合的增长步伐为 1 V，直到其燃烧为止。当偏置电压低于临界电压时，测量完成后弯曲的 ZnSe 纳米线的形貌与初始状态相同，如图 8.2（a）所示。然而，当偏置电压上升到临界电压时，有应力部分与无应力部分不同的燃烧特点就很清晰地展示了出来，其记录的结果如图 8.2（b）所示，图中纳米线的两个直线部分被热蒸发了，但是由探针收集到的有应力的部分依然保持原来的形貌并且表明没有受到任何破坏。仔细地检查表明弯曲部分的两个顶端没有熔化的迹象，由此证明在原位焦耳加热的过程中，弯曲部分的温度低于 ZnSe 的熔点温度。局部应力纳米线的形貌在燃烧后有一个共同的特征，此时纳米线都弯曲了将近 90°，弯曲的角度越大，燃烧后形貌的相似性越高。在本实验中，总共检测了超过 10 根弯曲的 ZnSe 纳米线，所有纳米线都展示了相似的特点。作为对比实验，本书也研究了原位焦耳热燃烧无应力的 ZnSe 纳米线。分别如图 8.3（a）、图 8.3（b）以及图 8.4（a）、

图 8.4（b）所示，无应力的 ZnSe 纳米线在燃烧前后形貌的改变表明纳米线要么在中间，要么在其中的一个端点纳米线会烧损。熔化特性也可以展现在被破坏的纳米线中，这表明这些部位在原位焦耳加热过程中达到了熔点。

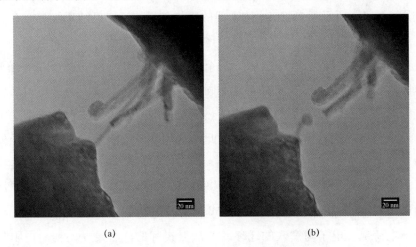

(a)　　　　　　　　　　　　　　　(b)

图 8.3　ZnSe 纳米线与电极连接的 TEM 图像

（a）没有形变的单根 ZnSe 纳米线搭在两个电极上；（b）ZnSe 纳米线通过原位电流诱导焦耳热
燃烧后的形貌图，图中展示燃烧后搭在两个电极上的纳米线中间发生了断裂

　　通常来说，在半导体与金属电极的界面会有一个能量势垒（肖特基势垒），这个势垒会阻碍电子（空穴）从金属运输到半导体，如果金属的功函数大于（小于）n（p）型半导体。对于图 8.2（a）中的电流回路，有两个肖特基势垒背靠背地串联在一起。正向偏置的肖特基势垒可以忽略，因为电流可以很轻易地流入金属电极。此时，反向偏置的肖特基势垒在较低偏压的情况下控制了全部电流。在较高偏压的情况下，反向偏置的肖特基势垒对于电子隧穿使势垒厚度减小的效率降低，穿越势垒的电压降开始饱和。因此，与正向偏置相比，反向偏置的肖特基势垒能够产生更多的焦耳热。由此可以预见，无应力纳米线由于肖特基势垒而导致的烧损将会发生在反向偏置的肖特基势垒上。如果 ZnSe 纳米线的烧损是由于接触热，那么在金电极的薄边缘会有熔化特征，因为金的熔点大约为 1 068 ℃，比 ZnSe 低 500 ℃左右。然而，图 8.3（b）与图 8.4（b）金电极的边缘没有熔化的特征。因此，图 8.3（b）与图 8.4（b）中无应变 ZnSe 纳米线的断裂并不是接触热所导致的。另外，两个接触保持相同的电阻是很难的，因为接触电阻与许多因素有关，比如接触的几何形状，

接触区域，与电极接触的纳米线的晶面，表面状态等。因此，公布出来的关于纳米线的 I-V 曲线并不是完全几何对称的。基于以上的讨论，可以排除通过两个电极－纳米线界面的接触热使纳米线的两个直线部分同时发生燃烧而导致图 8.2（b）所示弯曲 ZnSe 纳米线的不均匀燃烧。如果纳米线有一个尖锥状的或者楔子状的形貌，图 8.2（a）中无应力部分应该有不同的直径。一般地，电阻与纳米线的直径成反比。两个无应力部分有不同的直径因而有不同的电阻，这会导致两者之间有明显不同的热稳定性。因此，两个直线部分不可能同时热蒸发，直径小的应当首先热蒸发。电阻在导体与半导体中通常以热的形式与电能的耗散紧密相关。因此，这种不一致的燃烧现象归因于外加应力下弯曲纳米线不一致的电阻分布。对于这样一个各向同性的导带传导张量，σ 是一个对角张量，半导体中电子与空穴的对导电性的贡献总是相加。电阻可由式 $\rho = 1/nq(\mu_e + \mu_h)$ 得到，式中 n，q，u_e 与 u_h 分别是载流子数，一个电子的电荷量，电子与空穴的迁移率，从上式可见，如果 n 不变，电阻与迁移率成反比。应力可以有两种方式影响迁移率 $(\mu = q\tau/m^*)$，如通过改变有效导电质量 m^* 或者改变动量弛豫时间 (τ)。有效导电质量可以通过由简并提升诱导的带带之间的载流子数再增所改变，或者通过由应力导致的能带弯曲来改变。应力可以通过改变能态密度（DOS）来改变动量弛豫时间，有时也可以通过改变散射耦合强度来改变动量弛豫时间。图 8.2（b）所展示的实验结

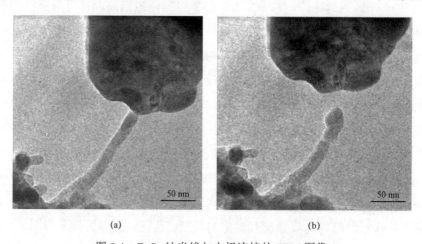

(a)   (b)

图 8.4　ZnSe 纳米线与电极连接的 TEM 图像

（a）没有应变的单根 ZnSe 纳米线搭在两个电极上；（b）通过原位焦耳热燃烧之后的
ZnSe 纳米线的形貌图，图中展示纳米线的一端被破坏了

果证明在纳米线中加入应变能有效的提高其对抗焦耳热的能力并且能显著提高电荷输运能力。电能在半导体纳米线中的热耗散能被应力所减少,因为应力能减小半导体纳米线的电阻。应当指出的是,半导体纳米线中电阻的变化与由应力引起的带隙变化成比例,这种带隙的变化与纳米线的曲率直接相关。因此,电阻以及电流输运能力的增强都能通过控制纳米线弯曲的幅度来调节。

8.3.3　应变对能带的影响

ZnSe 是一种直接带隙半导体。如图 8.5 所示,ZnSe 晶体的电子结构由价带中的 p-state-like 成键态与导带中的 s-state-like 反键态组成。导带底与价带顶以及最低能隙都位于布里渊区的中央(Γ point $\mathbf{k}=0$)。在 Γ 点的单一导带毫无疑问退化了并且各向同性地包围了能带最大值,因此 ZnSe 导带的能面是一个最低能量极限的球体。自旋 – 轨道耦合使最高价带(Γ_{15})劈裂成四倍的(Γ_8)态与二倍的(Γ_7)态。Γ_{8v} 与 Γ_{7v} 之间的劈裂能为 0.42 eV。离开 Γ 点后,Γ_8 空穴带劈裂成重空穴带(HH,有较重的有效质量)与轻空穴带(LH,较轻的有效质量)。ZnSe 的价带结构类似于 GaAs,它的 HH 带并没有弯曲得很厉害。LH 带接近各向同性。对于大部分的情况,费米面附近的电子或空穴基本都只位于导带或价带的边缘。最低导带与最高价带的电子与空穴在室温下的有效质量大约为 $0.2m_0$ 与 $0.6m_0$。由于 Γ 的几何对称性,此处的有效质量是一个常数。这个简单的有效质量仅对抛物形能带有效。对于简并能带,不同能带的载流子有不同的有效质量,此外,对于同一能带有效质量是各向异性的。在除了中心位置的其他点,有效质量通常是一个对称的张量,称为有效质量张量。对于有效质量为 m^* 的抛物形能带,有效质量是能带曲率的倒数,$1/m^* = \hbar^{-2} d^2 E / dk^2$。因此这个质量也被称为态密度(DOS)有效质量。对于各向异性的能带,比如 HH 带与 LH 带,DOS 有效质量能够被赋值到每一个能带,通过设定 E 能级的 DOS 等价于各向同性的球形能带,其有效质量为 m^*。为了使这个 DOS 的有效质量尽可能有效,能级 E 需要接近价带边缘使能带依然是抛物线形,尽管不是球形。

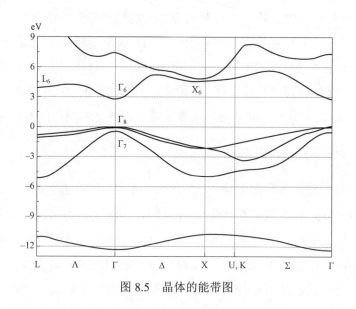

图 8.5 晶体的能带图

有效质量也被其他能带的耦合所影响。在各个较远的能带中，通常只有一个或者一组（简并）能带有最强的耦合。对于正常的直接带隙半导体，价带的耦合占主导地位。ZnSe 的第二导带位于 L 点。Γ 能谷与 L 能谷之间的能级差大约为 1.25 eV。一般来说，L 能谷也被占据的可能性不大，除非电子能量或者密度非常高。如果我们忽略其他能带的耦合，那么有效质量仅仅只与带隙 E_g 有关。如果带隙很小，那么有效质量也会很小。这就是为什么窄带隙半导体总是会有较小的电子有效质量。由于 Γ 能谷与 L 能谷之间有比较明显的且较大的能量差，且在 Γ 能谷与 L 能谷之间电子的占空有比较低的密度。此时，Γ 能谷中电子的数量在有应变的情况下可认为是没有改变的。因此有应变的 ZnSe 纳米线中电阻的改变可由 Γ 点的带边移动来解释。

由于剪切应变劈裂的价带与导带没有位于 Γ 点，如果忽略其他能带的耦合作用，剪切应变对于移动和弯曲位于 Γ 点的导带没有任何影响。因此，仅有静力应变移动了直接带隙半导体的带边。带隙的改变是由于应力移动了导带与价带边缘导致的。对于弯曲的纳米线，纳米线的内部被压缩应力作用了，相反它的外部受到了拉力作用，因此，弯曲里边经历了压缩应变而外边经历了拉伸应变。事实上，在纳米线的压缩区域也存在径向的拉伸应变，因为应变实际上是一个张量。ZnSe 仅只有一个导带能谷，即 Γ 能谷，它的移动仅受静态应力影响。带隙的变化是通过计算沿着［111］方向的压缩与拉伸应力来获得，其他方向使用的是一个叫作 CASTEP 的商业软件，其理论基础是第一计算原理。图 8.6（a）与图 8.6（b）展示的是静态应力沿着［111］方向的模拟结果。当应力沿着其他方向如［100］或者［112］方向时也可以得到相似的趋势。从计算结果可知，当 ZnSe 晶体中引入拉伸应力时，带隙单调变窄，当引入压缩应力时，带隙首先略微变宽，然后在经过一个临界的大约为 8% 的压缩应力后下降。因此，压缩与拉伸应力对 ZnSe 的带隙有不同的影响。带隙的变化在压缩时比在拉伸时要小。定性的来讲，在一个没有应变的结构中，基态的 HH 亚带总是基态空穴亚带。具有不同对称性的应力能够不同地移动亚带。对于拉伸应力，价带边是 LH 带。对于压缩应力，带边是 HH 带。因此，对于拉伸或者压缩应力，价带边缘的能量由不同的能量表达式所给定。对价带来讲，HH 带与应力线性相关，但 LH 带与压缩应力展示的是非线性关系。这种非线性关系是由劈裂带耦合所导致的。ZnSe 晶体有一个相对较大的劈裂能，在较小应变范围内这种非线性关系不明显，但是在较大应力范围内价带边被压缩时发生上移，如图 8.6（a）所示。

　　值得注意的是，对于单轴压缩应力，价带谷的应变诱导位移的趋势是 HH 和 LH 基态子带的分裂分别减少和增加。随着应力的增加，弯曲也有可能发生，这是在单轴压缩力的作用下载流子迁移率增加的一个主要原因，因为它能减少沿通道方向的有效质量。通过实验可以发现，双轴的拉伸应力增大了应变半导体中电子迁移率，空穴的迁移率也同时增大了，但仅限于一个相对较大的应力。然而，较低与较高应力的情况下单轴的压缩应力都增大了空穴的迁移率，并且轴向的（单轴）拉伸应力对电子的迁移率也有相似的提高。因此，拉伸应力在弯曲纳米线的曲线部分会使电子与空穴迁移率显著增加，而压缩应力只增加空穴迁移率。散射压制对应力增强的电子迁移率起主要作用。与此相反，对于价带来说应力劈裂比起光学声子能量来说特别小，由应变而导致的散射率的改变很不明显。因此，拉伸应变与压缩应变共存能有效的增大应变 ZnSe 纳米线的空穴迁移率。应力是一个张量，因此径向拉伸应力在弯曲纳米线的压缩区也能被创造，并且对带隙变窄有一定的作用。由于带隙对拉伸应力比对压缩应力更敏感，如果径向拉伸应变达到了一个中等范围（3%），因此径向拉伸应力在弯曲纳米线的压缩区对带隙的变化起主要作用。

此时，带隙在整个弯曲区域变窄了，结果使得电子迁移率在弯曲部分增大了。弯曲部分电导的提高会导致应变部分与非应变部分电阻不均一。应变部分与未应变部分有不同的带隙会引入一些内部势垒，这些内部势垒能沿纳米线方向改变电流输运特性，使其在热电子与光电子器件等方面都有潜在应用。原位 TEM 技术在单根纳米线中可控地引入应力是一种简单有效且具有较高分辨率的方法来修饰半导体纳米线，因此这也为优化纳米线以及设计制造出新颖的纳米器件开辟了新的途径。

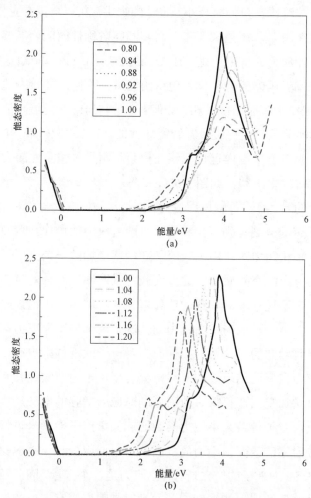

图 8.6　ZnSe 晶体受到沿［111］方向应变时态密度的计算

（a）压缩形变在 -4%，-8%，-12%，-16%，以及 -20%；

（b）拉伸应变在 4%，8%，12%，16%和20%时，带隙的变化可以在这些情况中发现

随着比表面积的增加，表面的重要性也在增加。纳米线表面最上层的原子有一些悬空键，它们的能级位于块体能带结构的能隙之内。实际上悬空键态在干净的硅（111）面位于带隙的中间。当外来原子与最顶部原子结合或表面重建发生后悬垂键在此分裂成反键态与成键态。这些态仅在表面层形成，比如表面电子态。当吸附物或重构引入一些如超结构的表面结构时，由于表面态的重叠成键态与反键态扩大到能带，如在表面结构的周期性晶格中邻位的原子轨道。这些都是表面态能带。如果原子在表面结构中的排列完全与块状晶体中不同，它们有一些与块状晶体能带不同的特点。尽管表面态能带有一些它们自己的特点，不受块体电子态的影响，表面态能带在应力下的变化应当与块体材料的能带一致。因此，应力能同时影响到表面态能带与块体能带。此外，这个结论对于应变的一维半导体纳米材料如纳米棒、纳米带、纳米管也都是有效的，尽管纳米管既有内表面也有外表面。

带隙的改变明显改变了半导体的内部费米能级，但是费米能级的改变并不完全因带隙的改变所导致。它由导带与价带的总移距所决定，以及它们的相对移动也会改变带隙。费米能级的移动也与应力改变了导带与价带的态密度有关。如果导带的态密度被应力降低了，费米能级就会升高以增加能态在带边的占有率，从而会导致半导体中功函数的改变。电极与半导体之间费米能级的相对移动会改变接触处肖特基势垒的高度。通过实验证实所观察到的 ZnSe 纳米线与金电极之间的阈值电压被这种因带隙变窄的轴向压力显著降低了，这是价带升高与导带边降低的共同结果，尽管由双轴压力导致的阈值电压改变的幅度比单轴压力的要大。与功函数改变以及带隙缩小的影响相比，能带弯曲诱导的阈值电压改变是另一个幅度变小的原因，是可以忽略的。减少阈值电压意味着应变能有效的降低肖特基势垒的高度以及减小半导体–电极界面的电阻值。因此引入应力能有效压制界面产热。

8.3.4　应变对热导率的影响

通常来说，两种不同半导体生长在一起时，因晶格失配会在界面处引起失配位错。当声子穿过两种不同半导体界面传播时，晶格失配会使声子发生漫散射，产生声子阻抗，所以相界面对焦耳热传播的阻抗最大。然而，尽管界面没有失配位错，弯曲纳米线的局部应变部分也会引入一些无应力部分的界面。应变部分原子移位也会导致声子在应变与未应变的部分之间输运时产生阻抗。因此，这种界面与两种不同半导体界面对声子输运有相同影响。

图 6.2（a）中无应变部分比应变部分有相对更大的电阻，使之能够产生更多的热量，这会导致无应变区域温度高于应变区域。由于纳米线温度分布不均匀，当无应变区域温度达到升华温度时，便会发生蒸发现象。弯曲部分相对较低的电阻使这一部分保持了较低的温度。然而，应变区域与非应变区域的温差会导致热量从高温区流向低温区。但是，应变区域除了具有低电阻之外，还对声子输运有较大的阻抗，使得局部应变成为导致纳米线不均匀热蒸发的主要原因。应变部分的原子间距要么被缩短，要么被拉伸，形成压缩应变或者拉伸应变，因此，应变与未应变部分界面两边原子间距存在一定的差别，当频率与未应变原子间距对应的声子传播到应变区域界面边界时，如果没有和其他频率的声子耦合，或者分解成与应变原子间距对应的频率，则不能进入应变区域。因此，应变导致了大的声子输运阻抗，并且这个界面热阻与温度无关。界面处的热电阻也取决于入射到界面处的声子数量，每个声子所携带的能量，以及每个声子穿越界面的能力。不均匀的应变会因为应变部分的原子位移而引入许多的界面。这样会造成未应变部分的高能声子被大量捕获以及流入应变部分的热流量急剧减少。结果，在温度剖面图上，沿纳米线轴向的应变部分与未应变部分会出现温度不连续的现象。在单根半导体纳米线中制造应变能够调控电导率与热导率，这为增加材料电导率的同时减少热导率提供了可能，并因此获得高的热电品质因数，进而改善基于半导体纳米线的热电器件的性能。

8.4　本章小结

在本章中，我们通过原位 TEM 技术在单根 ZnSe 纳米线中可控地创造了应变。利用电流诱导焦耳热的方法研究了张力对 ZnSe 纳米线电流输运能力的影响。实验结果表明，在 ZnSe 纳米线中引入应变能够明显地改善焦耳热以及电流输运能力。由轴向抗压应力所导致的应变可以被很好地控制并用来修正半导体纳米线的能带结构，为实现一维的异质结系统提供优势，如没有晶格失配的纳米线、纳米管、纳米棒等。在单根半导体纳米线中，轴向的异质结构由应变部分与未应变部分组成，会在电与热输运方面呈现一些新的现象，这些现象在无应变纳米线中是无法观察到的。单根纳米线中，由应变所带来的异质结构有利于制造具有某些特殊电学与热学性能的功能块，并且有利于提高电子器件的性能。

第9章

结论与展望

9.1　总　结

　　本书主要介绍了几种金属硫族化物的制备方法，微结构以及光电、电化学性能。通过 X 射线衍射、扫描电镜、透射电镜等多种表征手段对纳米材料的形成机制、材料的尺寸、形貌等与性能之间的关系进行了有益的探索。重点探索了几种 $Cu_2S\text{-}Bi_2S_3$ 系列化合物、Sb_2S_3 及其复合材料的合成条件、微结构特点以及电化学性能等。得到的主要结论如下：

　　（1）用溶剂热法合成了两种形貌不同的 $Cu_2S\text{-}Bi_2S_3$ 纳米结构，通过改变阳离子的化学计量比以及反应条件可以获得不同成分比的 $Cu_2S\text{-}Bi_2S_3$ 纳米材料。利用 XRD 与 EDX 确定所合成的样品为 Cu_9BiS_6 纳米片以及 $CuBiS_2$ 纳米线。并利用 SEM、TEM 等工具研究了 Cu_9BiS_6 纳米片、$CuBiS_2$ 纳米线的微结构以及形成机理。利用紫外－可见分光光度计测定了这几种纳米结构的吸收光谱，通过转化得出了它们的带隙值，发现不同化学计量比的 $Cu_2S\text{-}Bi_2S_3$ 纳米结构的带隙会不相同。因此，寻求可控的方法来合成 $Cu_2S\text{-}Bi_2S_3$ 系列纳米材料可以达到调节半导体纳米材料的形貌、结构以及禁带宽度的目的，使之在应用到器件中时能满足人们不同的需求。

　　（2）通过原位腐蚀微米球的方法合成了花状级次结构的 Cu_3BiS_3 纳米材料。这些级次结构的 Cu_3BiS_3 纳米材料的外直径约为 8 μm，并且其内部具有介孔结构。这种介孔结构有利于电解液的扩散以及锂离子的嵌入与脱嵌。通过对其电化学性能的测试发现，尽管其循环稳定性能还有待提高，但是这种独特的基于多孔纳米片的级次结构使 Cu_3BiS_3 具有良好的首次循环锂电性能。

此外还测量了这种 Cu_3BiS_3 级次结构的漫反射光谱，通过转化后得出其带隙约为 1.2 eV，这个数值与当前使用最多的太阳能电池材料非常接近（如硅等）。因此，花状 Cu_3BiS_3 级次结构纳米结构有望在锂离子电池以及太阳能电池方面得到应用。

（3）用湿化学方法合成了四元 Cu_2ZnSnS_4 纳米颗粒。这种颗粒直径较小，仅为 10 nm 左右。XRD 确定其晶体结构为四方晶系的锌黄锡矿。SEM 观察确定 Cu_2ZnSnS_4 纳米颗粒单分散性较好的，无明显团聚。紫外 – 可见吸收光谱法测定其光学带隙大约为 1.5 eV。由场诱导光电压谱（简称 FISPS）测量的表面光生电荷性能证实 Cu_2ZnSnS_4 纳米颗粒在激发光波长为 630 nm 以下的可见光波段发生明显的光伏响应，与其带隙 1.5 eV 对应，说明光照引起的是一个带带直接跃迁。

（4）采用静电纺丝法制备了纳米氮掺杂的三维碳纳米纤维（NCFs），并采用原位超声辅助方法在纳米氮掺杂的三维碳纳米纤维上生长 Sb_2S_3 纳米粒子。通过红外光谱（FTIR）和 XPS 研究表明，Sb_2S_3 与碳纤维之间形成了多种共价键。XRD 和 Raman 光谱证实了 Sb_2S_3 的成功制备。得益于 Sb_2S_3 纳米颗粒和 NCFs 之间的协同效应，与纯的 Sb_2S_3 材料相比，SNCFs 在 SIBs 中表现出高的比容量和长循环寿命。制备的 SCNFs 材料在 50 mA/g 的电流密度下，循环 50 个周期后仍提供了 ~412 mA·h/g 比容量，然而纯的 Sb_2S_3 材料在短短 20 圈后容量操持不到 100 mA·h/g。此外，在整个循环过程中，SCNFs 的电化学阻抗的变化明显低于纯 Sb_2S_3 材料。最后通过非原位 SEM 表征手段对 SCNFs 和 Sb_2S_3 进行了电池循环后的测试，通过对比发现在 SNCF 电极上，虽然 Sb_2S_3 纳米粒子的体积变化很小，但仍然可以看到原来由碳纤维制成的三维框架结构，有利于离子和电子的穿透。相反，Sb_2S_3 微球经过多次氧化还原反应之后被完全粉碎，暴露在外的 Sb_2S_3 出现了严重的团聚现象。因此，改进的电化学性能主要归因于 Sb_2S_3 与碳纤维之间的化学键合可以缓解 Sb_2S_3 在与 Na 离子合金化和转化反应过程中的体积变化。另一方面，碳纤维提供的多孔刚性导电网络，在容纳 Sb_2S_3 体积变化的同时提高了其导电性。

（5）通过合理的静电纺丝设计，将两相异质界面工程（Sb_2S_3 和 FeS_2）引入氮掺杂多孔中空碳纳米纤维中。将得到的 Sb-Fe-S@CNFs 作为 SIBs 的负极来评价其电化学性能。与任何单一金属硫化物相比，Sb-Fe-S@CNFs 具有更高的比容量和更好的循环性能，当时电流密度 1 A/g 时，2 000 次充放电后可逆容量保持为 396 mA·h/g，容量保持相当于第 7 圈的 99.7%左右。2 000 圈充放电后的 TEM 测试表明，Sb_2S_3 和 FeS_2 依旧均匀分布在碳纤维中，基本保持原有的形貌和结构。甚至在 10 A/g 的超高的电流密度情况下，它的超长循环寿命可长达 16 000 次。此外，EIS 和 GITT 分析表明，Sb-Fe-S@CNFs 的 Na 离子扩散系数高于单一金属硫化物，基于不同扫描速度 CV 测试的计算进一步表明，Sb-Fe-S@CNFs 复合材料具有较高的赝电容贡献率，这是其优异的倍率性能和长周期稳定性的重要原因。多孔碳纳米纤维具有良好的电化学性能，主要原因如下：多孔碳纳米纤维作为电子/离子的加速剂和缓冲剂，在长周期循环时减缓体积膨胀。Sb_2S_3/FeS_2 丰富的相边界产生了丰富的内置电场，极大地促进了离子/电子的转移增强了电化学反应的动力学。因此，制备的 Sb-Fe-S@CNFs 是一种很有前途的 SIBs 高效负极电极材料。

（6）介绍了一种原位焦耳热的方法对 Au-ZnSe 纳米线的界面进行合金化处理。由于电流诱导的焦耳热高度集中在负极接触处，因此界面合金化处理非常不均匀，并且可以通过控制 M-S 接触处偏置电压的极性来调节与控制界面合金化处理的过程。纳米规模的界面合金化处理可以改善 M-S 接触的微结构，优化这种结构的传输特性，从而进一步增强这种由半导体纳米线所制成的纳米电子器件的性能。

（7）利用原位透射电子显微镜（TEM）研究了应变对 ZnSe 纳米线载流能力的影响。在原位 TEM 表征下，使用可移动探针电极沿单个 ZnSe 纳米线的轴向施加的压缩应力，可以在单根 ZnSe 硒纳米线中的选定位置处产生应变。通过操纵可移动探针电极，在弯曲的 ZnSe 纳米线的曲率大小中可控制感应应变。原位电流诱导的焦耳加热证实，单根 ZnSe 纳米线中的应变段表现出比未应变段更好的抵抗焦耳加热的能力。因此，可以通过有意产生的应变来有效地增强 ZnSe 纳米线的载流能力。此外，通过有意设计和产生的应变，可以在单根纳米线中同时显著提高电导率和热阻。轴向抗压应力所导致的应变可以用来修正半导体纳米线的能带结构，利用轴向应变可实现一维异质结系统的生成，使得一维纳米结构在电与热方面呈现一些新现象，可用来制造某些具有特殊电学与热学性能的功能块，有望提高电子器件的性能。

9.2　展　望

金属硫化物具有优良的光电性能，并且这些光电性能对形貌、尺寸微结构等都有依赖性。因此可控合成具有各种形貌结构的金属硫化物并探究它们的各项性能依然具有很好的前景。以后的工作可以从以下几个方面开展：

（1）Cu_2S-Bi_2S_3 系列化合物具有多种结构，并且这些结构都是在硫原子所构成的网络中插入金属原子所形成的。这些金属原子与硫原子所形成的键的稳定性各不相同，并且也会随着外界条件的变化而变化。此外，Cu_2S-Bi_2S_3 系列化合物中不同的相也可以在同一个网络中共生。因此，探究各种纳米结构的合成条件、稳定条件，以及各项性能还需要投入大量的工作。

（2）Cu_2ZnSnS_4 是一种很好的光伏材料，在作为薄膜太阳能电池的吸收层时表现出了许多优越性。当前对此类材料的合成主要是零维的量子点，利用这种量子点所做成的器件的转化效率远低于其理论值。因此，探求一种简单实用的方法合成具有其他形貌或结构的 Cu_2ZnSnS_4，或者寻找其他的材料（如 TiO_2 等）来修饰这种量子点结构，使之在应用中达到人们所期盼的效率，是一项非常值得一试的工作。

（3）双金属硫化物（如 Sb_2S_3 和 FeS_2 等）由于界面效应等因素具有更好的电化学性能，尤其是将其嵌入到碳纤维中，其电子和离子迁移率都得到了有效提高。该类材料在电化学、催化、传感等方面具有较大的前景。

参考文献

［1］ Jun Y W, Choi J S, Cheon J W. Shape control of semiconductor and metal oxide nanocrystals through nonhydrolytic colloidal routes ［J］. Angew Chem. Int. Ed., 2006, 45: 3414－3439.

［2］ 张中太，林元华，唐子龙，等. 纳米材料及其技术的应用前景 ［J］. 材料工程，2000，3：42－48.

［3］ 张池明. 超微粒子的化学特性 ［J］. 化学通报. 1993，8：20－23.

［4］ 张立德，牟季美. 纳米材料和纳米结构 ［M］. 北京：科学出版社，2001，59－64.

［5］ Du Y, Xu B, Fu T, et al. Near-infrared photoluminescent Ag_2S quantum dots from a single source precursor ［J］. Journal of the American Chemical Society, 2010, 132, 1470－1471.

［6］ Zhang Y, Xu H, Wang Q. Ultrathin single crystal ZnS nanowires ［J］. Chemical Communications, 2010, 46: 8941－8943.

［7］ Lu Y, Jia J, Yi G. Selective growth and photoelectrochemical properties of Bi_2S_3 thin films on functionalized self-assembled monolayers ［J］. CrystEngComm, 2012, 14: 3433－3440.

［8］ Bettina L, Inga O, Marta D, et al. Extension of the benzyl alcohol route to metal sulfides: "nonhydrolytic" thio sol–gel synthesis of ZnS and SnS_2 ［J］. Chem. Commun., 2011, 47: 5280－5282.

［9］ Shen S, Zhang Y, Peng L, et al. Generalized synthesis of metal sulfide nanocrystals from single-source precursors: size, shape and chemical composition control and their properties ［J］. CrystEngComm, 2011, 13: 4572－4579.

［10］ Sheldrick W S, Wachhold M. Chalcogenidonetalates of the Heavier Group

14 and 15 elements [J]. Coordination Chemstry Reviews, 1998, 176: 211－322.

[11] Wheldrick W S, Wachhold M. Solventothermal synthesis of solic-state chalcogenidonetalates [J]. Angew Chem. Int. Ed. Engl., 1997, 36: 206－224.

[12] Kanatzidis M G. Molten alkali-metal polychalcogellides as reagent and solvent for the synthesis of new chalcogellide materials[J]. Chem. Mater., 1990, 2 (4): 353－362.

[13] Parise J B, Ko Y. Materials consisting of two interwoven 4－connected networks: Hydrothermal Synthesis and structure of [Sn$_5$S$_9$O$_2$] [HN (CH$_3$)$_3$]$_2$ [J]. Chem. Mater., 1994 (6): 718－720.

[14] 白音孟和，徐效清，安永林. 多元金属硫化物的溶剂热合成研究进展 [J]. 内蒙古师范大学学报（自然科学汉文版），2011，40（2）：162－170.

[15] O'Sullivan C, Gunning R D, Sanyal A, et al. Spontaneous room temperature elongation of CdS and Ag$_2$S nanorods via oriented attachment [J]. J. Am. Chem. Soc., 2009, 131: 12250－12257.

[16] Li L, Wu P, Fang X, et al. Single-crystalline CdS nanobelts for excellent field-emitters and ultrahigh quantum-efficiency photodetectors [J]. Adv. Mater., 2010, 22: 3161－3165.

[17] Liu Z, Liang J, Xu D, et al. A facile chemical route to semiconductor metal sulfide nanocrystal superlattices [J]. Chem. Commun., 2004, 23: 2724－2725.

[18] Zhao Y, Zhang Y, Zhu H, et al. Low-temperature synthesis of hexagonal (wurtzite) ZnS nanocrystals [J]. J. Am. Chem. Soc., 2004, 126: 6874－6875.

[19] Liu Z, Liang J, Li S, et al. Synthesis and growth mechanicsm of Bi$_2$S$_3$ nanoribbons [J]. Chem Eur J, 2004, 10: 634－640.

[20] Steigerwald M L, Alivisatos A P, Gibson J M, et al. Surface derivatization and isolation of semiconductor cluster molecules [J]. J Am Chem Soc, 1988, 110: 3046－3050.

［21］ Trindade T, O'Brien P. Synthesis of CdS and CdSe nanoparticles by thermolysis of diethyldithio-or diethyldiseleno-carbamates of cadmium ［J］. J Mater Chem, 1996, 6: 343－347.

［22］ Lu Q, Gao F, Zhao D. One-step synthesis and assembly of copper sulfide nanoparticles to nanowires, nanotubes, and nanovesicles by a simple organic amine-assisted hydrothermal process ［J］. Nano Lett, 2002, 2: 725－728.

［23］ Wang X, Zhuang J, Peng Q, et al. Synthesis and characterization of sulfide and selenide colloidal semiconductor nanocrystals ［J］. Langmuir, 2006, 22: 7364－7368.

［24］ Wang Z W, Daemen L L, Zhao Y S, et al. Morphology-tuned wurtzite-type ZnS nanobelts ［J］. Nat. Mater., 2005, 4: 922－927.

［25］ Murray C B, Noms D J, Bawendi M G. Synthesis and characterization of nearly monodisperse CdE (E = sulfur, selenium, tellurium) semiconductor nanocrystallites ［J］. J. Am. Chem. Soc., 1993, 115: 8706－8715.

［26］ Peng Z A, Peng X G. Formation of high-quality CdTe, CdSe, and CdS nanocrystals using CdO as precursor ［J］. J. Am. Chem. Soc., 2001, 123: 183－184.

［27］ Yu W W, Peng X G. Formation of high-quality CdS and other Ⅱ-Ⅵ semiconductor nanocrystals in noncoordinating solvents: Tunable reactivity of monomers ［J］. Angew. Chem., Int. Ed., 2002, 41: 2368－2371.

［28］ Peng X G, Green X. Chemical approaches toward high-quality semiconductor nanocrystals ［J］. Chem. Eur. J., 2002, 8: 335－339.

［29］ Joo J, Na H B, Yu T, et al. Generalized and facile synthesis of semiconducting metal sulfide nanocrystals ［J］. J. Am. Chem. Soc., 2003, 125: 11100－11105.

［30］ Choi S H, An K, Kim E G, et al. Simple and generalized synthesis of semiconducting metal sulfide nanocrystals ［J］. Adv. Funct. Mater., 2009, 19: 1645–1649.

［31］ Wang D S, Zheng W, Hao C H, et al. A Synthetic method for transition-metal chalcogenide nanocrystals ［J］. Chem. – Eur. J., 2009, 15: 1870 – 1875.

［32］ Lee S M, Jun Y W, Cho S N, et al. Single-crystalline star-shaped nanocrystals and their evolution: Programming the geometry of nano-building blocks ［J］. J. Am. Chem. Soc., 2002, 124: 11244 – 11245.

［33］ Trindade T, O'Brien P, Zhang X M, et al. Synthesis of PbS nanocrystallites using a novel single molecule precursors approach: X-ray single-crystal structure of Pb $(S_2CNEtPr^i)_2$ ［J］. J. Mater. Chem., 1997, 7: 1011 – 1016.

［34］ Trindade T, O'Brien P, Zhang X M. Synthesis of CdS and CdSe nanocrystallites using a novel single-molecule precursors approach ［J］. Chem. Mater., 1997, 9: 523 – 530.

［35］ Mirkovic T, Hines M A, Nair P S, et al. Single-source precursor route for the synthesis of EuS nanocrystals ［J］. Chem. Mater., 2005, 17: 3451 – 3456.

［36］ Plante J L, Zeid T W, Yang P D, et al. Synthesis of metal sulfide nanomaterials via thermal decomposition of single-source precursors ［J］. J. Mater. Chem., 2010, 20: 6612 – 6617.

［37］ 冯怡, 马天翼, 刘蕾, 等. 无机纳米晶的形貌调控及生长机理研究 ［J］. 中国科学 B 辑: 化学, 2009, 39 (9): 864 – 886.

［38］ Bell D C, Wu Y, Barrelet C J, et al. Imaging and analysis of nanowires ［J］. Microscopy Res. Tech., 2004, 64: 373 – 389.

［39］ Huang M H, Mao S, Feick H, et al. Room-temperature ultraviolet nanowire nanolasers ［J］. Science, 2001, 292: 1897 – 1899.

［40］ Fujita S Z, Kim S W, Ueda M, et al. Artificial control of ZnO nanostructures grown by metalorganic chemical vapor deposition ［J］. J. Crystal Growth, 2004, 272: 138 – 142.

［41］ Wu J J, Liu S C, Wu C T, et al. Heterstructures of ZnO-Zn coaxial nanocables and ZnO nanotubes ［J］. Appl. Phys. Lett., 2002, 81: 1312 – 1314.

［42］ Bell D C, Wu Y, Barrelet C J, et al. Imaging and analysis of nanowires［J］. Microscopy Res Tech, 2004, 64: 373 – 389.

［43］ Wagner R S, Ellis W C. The vapor-liquid-solid mechanism of crystal growth and its application to silicon ［J］. Trans Metall Soc AIME, 1965, 233: 1053 – 1055.

［44］ Wu Y, Yang P. Germanium nanowire growth via simple vapor transport［J］. Chem. Mater. 2000, 12: 605 – 607.

［45］ 张旭东，刑英杰，奚中和. 类单晶氧化锌纳米棒的制备与表征 ［J］. 真空科学与技术学报，2004，24：16 – 18.

［46］ Guo Q, Hillhouse H W, Agrawal R. Synthesis of Cu_2ZnSnS_4 nanocrystal ink and its use for solar cells ［J］. J. AM. CHEM. SOC. 2009, 131: 11672 – 11673.

［47］ Sheldrick W S, Wachhold M. Solventothermal synthesis of solic-state chalcogenidonetalates［J］. Angew Chem Int Ed Engl, 1997, 36: 206 – 224.

［48］ Chou J, Kanatzidis M G, Hydrothermal synthesis and charicterization of (Me_4N) $[HgAsSe_3]$, (Et_4N) $[HgAsSe_3]$, and (Ph_4P) $_2[Hg_2As_4Se_{11}]$: Novel 1 – D Mercury selenoarsenates ［J］. J solid state chem., 1996, 123: 115 – 122.

［49］ Wu Q B, Ren S, Deng S Z, et al. Growth of aligned Cu_2S nanowire arrays with AAO template and their field-emission properties ［J］. J. Vac. Sci. Technol. B, 2004, 22 (3) : 1282 – 1285.

［50］ Kim M, Cho S M, Pulsed electrodeposition of palladium nanowire arrays using AAO template［J］. Mater. Chem. Phys., 2006, 96 (2 – 3) : 278 – 282.

［51］ Kim Y H, Han Y H, Lee H J, et al. High density silver nanowire arrays using self-ordered anodic aluminum oxide (AAO) membrane ［J］. J. Kor. Cera. Soc., 2008, 45 (4) : 191 – 195.

［52］ Shi L, Pei C, Xu Y, et al. Template-directed synthesis of ordered single-crystalline nanowires arrays of Cu_2ZnSnS_4 and $Cu_2ZnSnSe_4$ ［J］. J. Am. Chem. Soc., 2011, 133 (27) : 10328 – 10331.

［53］ Li Y Q, Tang J X, Wang H, et al. Heteroepitaxial growth and optical properties of ZnS nanowire arrays on CdS nanoribbons [J] Appl. Phys. Lett., 2007, 90 (9) : 093127 – 093129.

[54] Li Z Q, Shi J H, Liu Q Q, et al. Large-scale growth of $Cu_2ZnSnSe_4$ and $Cu_2ZnSnSe_4$/Cu_2ZnSnS_4 core/shell Nanowires [J]. Nanotechnology, 2011, 22: 265615.

[55] Stupp S M, Braun P V. Molecular manipulation of microstructures: Biomaterials, ceramics, and semiconductors [J]. Science, 1997, 277: 1242 – 1248.

[56] Zhan J, Yang X, Wang D, et al. Polymer controlled growth of CdS nanowire [J]. Adv Mater., 2000, 12: 1348 – 1351.

[57] Meldrum F C, Wade V J, Nimmo D I, et al. Synthesis of inorganic nanophase materials in supramolecular protein cages [J]. Nature, 1991, 349: 684 – 687.

[58] Du Y, Xu B, Fu T, et al. Near-infrared photoluminescent Ag_2S quantum dots from a single source precursor[J]. J. Am. Chem. Soc., 2010, 132 (5) : 1470 – 1471.

[59] Bruchez M, Moronne M, Gin P, et al. Semiconductor nanocrystals as fluorescent biological labels [J]. Science, 1998, 281: 2013 – 2016.

[60] Chan C W, Nie S M. Science, Quantum dot bioconjugates for ultrasensitive nonisotopic detection [J]. Science, 1998, 281 (5385) : 2016 – 2018.

[61] Jung H, Park C, Sohn H. Bismuth sulfide and its carbon nanocomposite for rechargeable lithiumion batteries [J]. Electrochimica Acta, 2011, 56: 2135 – 2139.

[62] Dachraoui M, Vedel J. Improvement of cuprous sulphide stoichiometry by electrochemical and chemical methods [J]. Sol. Cells, 1987, 22: 187 – 194.

[63] Lee H, Yoon S W, Kim E J, et al. In-situ growth of copper sulfide nanocrystals on multiwalled carbon nanotubes and their application as novel solar cell and amperometric glucose sensor materials [J]. Nano Lett., 2007, 7 (3) : 778 – 784.

［64］ Alivisatos A P. Semiconductor clusters, nanocrystals, and quantum dots ［J］. Science, 1996, 271 (5251) : 933－937.

［65］ Chan W C W, Nie S M. Quantum dot bioconjugates for ultrasensitive nonisotopic detection ［J］. Science, 1998, 281 (5385) : 2016－2018.

［66］ Mattoussi H, Mauro J M, Goldman E R, et al. Self-assembly of CdSe-ZnS quantum dot bioconjugates using an engineered recombinant protein［J］. J. Am. Chem. Soc., 2000, 122 (49) : 12142－12150.

［67］ Wang Q B, Xu Y, Zhao X H, et al. A Facile one-step in situ functionalization of quantum dots with preserved photoluminescence for bioconjugation ［J］. J. Am. Chem. Soc., 2007, 129 (20) : 6380－6381.

［68］ Wang Q B, Seo D-K. Preparation of large transparent silica monoliths with embedded photoluminescent CdSe@ZnS core/shell quantum dots ［J］. Chem. Mater., 2005, 17 (19) : 4762－4764.

［69］ Smith A M, Duan H W, Mohs A M, et al. Bioconjugated quantum dots for in vivo molecular and cellular imaging［J］ Advanced Drug Delivery ReV., 2008, 60 (11) : 1226－1240.

［70］ Kim S, Lim Y T, Soltesz E G, et al. Near-infrared fluorescent type Ⅱ quantum dots for sentinel lymph node mapping ［J］. Nat. Biotechnol., 2004, 22 (1) : 93－97.

［71］ Balet L P, Ivano S A, Piryatinski A, et al. Inverted core/shell nanocrystals continuously tunable between type-I and type-II localization regimes ［J］. Nano Lett., 2004, 4 (8) : 1485－1488.

［72］ Blackman B, Battaglia D, Peng X G. Bright and water-soluble near IR-emitting CdSe/CdTe/ZnSe type-II/type-I nanocrystals, tuning the efficiency and stability by growth ［J］. Chem. Mater., 2008, 20 (15) : 4847－4853.

［73］ Allen P M, Bawendi M G. Ternary Ⅰ-Ⅲ-Ⅵ quantum dots luminescent in the red to near-infrared ［J］. J. Am. Chem. Soc. 2008, 130 (29) : 9240－9241.

［74］ Novak P, Muller K, Santhanam K S V, et al. Electrochemically active polymers for rechargeable batteries [J]. Chem. Rev., 1997, 97 (1): 207 – 282.

[75] Chao, D, Liang P, Chen Z, et al. Pseudocapacitive Na-Ion storage boosts high rate and areal capacity of self-branched 2D layered metal chalcogenide nanoarrays [J]. ACS Nano, 2016, 10: 10211 – 10219.

[76] Lao M, Zhang Y, Luo W, et al. Alloy-based anode materials toward advanced sodium-ion batteries [J]. Advanced Materials, 2017, 29: 1700622.

[77] Wu J, Ihsan-Ul-Haq M, Ciucci F, et al. Rationally designed nanostructured metal chalcogenides for advanced sodium-ion batteries[J]. Energy Storage Materials, 2021, 34: 582 – 628.

[78] Cao L, Liang X, Ou X, et al. Heterointerface engineering of hierarchical Bi_2S_3/MoS_2 with self-generated rich phase boundaries for superior sodium storage performance [J]. Advanced Functional Materials, 2020, 30: 1910732.

[79] Ramesh A, Tripathi A, Balaya P, A mini review on cathode materials for sodium-ion batteries [J]. International Journal of Applied Ceramic Technology, 2021, 1 – 11.

[80] Jin Q Q, Zhang C Y, Wang W N, et al. Recent development on controlled synthesis of metal sulfides hollow nanostructures via hard template engaged strategy: a mini-review [J]. Chemical Record, 2020, 20: 882 – 892.

[81] Marian N, Joop S, Albert G. Nanocomposite three-dimensional solar cells obtained by chemical spray deposition [J]. Nano letters, 2005, 5 (9): 1716 – 1719

[82] Ward J S, Ramanathan K, Hasoon F S, et al. A 21. 5% efficient Cu (In, Ga) Se_2 thin-film concentrator solar cell [J]. Prog. Photovoltaics, 2002, 10: 41 – 46.

[83] Ito K, Nakazawa T. Electrical and optical properties of stannite-type quaternary semiconductor thin films [J]. Janpanese journal of applied

physics, 1998, 27: 2094 – 2097.

［84］ Ito K, Nakazawa T. Stannite-type photovoltaic thin films Cu$_2$ZnSnS$_4$ ［J］. Photovataic Science & Engineering. 1989, 30341 – 30346.

［85］ Nakayama N, Ito K. Sprayed films of stannite Cu$_2$ZnSnS$_4$ ［J］. Applied Surface Science, 1996, 92: 171 – 175.

［86］ Katagiri H, Ishigaki N, Ishida T. Characterization of Cu$_2$ZnSnS$_4$ thin films prepared by vapor phase sulfurization ［J］. The Janpan Society of Applied Physics. 2001, 40: 500 – 504.

［87］ 黄景兴，邵乐喜，付玉军. Cu$_2$ZnSnS$_4$薄膜的制备及其光电性质研究 ［J］. 湛江师范学院报. 2007, 28: 59 – 62.

［88］ Hironori K. Cu$_2$ZnSnS$_4$ thin film solar cells ［J］. Thin Solid Films, 2005, 480 – 481: 426 – 432.

［89］ Yao K, Zhang Z Y, Liang X L, et a1. Effect of H$_2$ on theelectrical transport properties of single Bi$_2$S$_3$ nanowires ［J］. J. Phys. Chem. B, 2006, 110 (43): 21408 – 21411.

［90］ Connor S T, Hsu C M, Weil B D, et al. Phase transformation of biphasic Cu$_2$S–CuInS$_2$ to monophasic CuInS$_2$ nanorods ［J］. J. Am. Chem. Soc., 2009, 131 (13): 4962 – 4966.

［91］ Reddy K T R, Reddy P J. Polycrystalline CuGaSe$_2$ films for solar energy conversion ［J］. Materials Letters, 1990, 10 (6): 275 – 279.

［92］ Guo W, Sun X, Jacobson O, et al. Intrinsically radioactive ［^{64}Cu］ CuInS/ZnS quantum dots for PET and optical imaging: Improved radiochemical stability and controllable cerenkov luminescence ［J］. ACS Nano 2015, 9 (1): 488 – 495.

［93］ Gerein N J, Haber J A. One-step synthesis and optical and electrical properties of thin film Cu$_3$BiS$_3$ for use as a solar absorber in photovoltaic devices ［J］. Chem. Mater., 2006, 18: 6297 – 6302.

［94］ Estrella V O, Nair M T S, Nair P K. Semiconducting Cu$_3$BiS$_3$ thin films formed by the solid-state reaction of CuS and bismuth thin films ［J］. Semicond Sci. Technol., 2003, 18: 190 – 194.

［95］ Kryukova G, Heuer M, Doering Th, et al. Micro-and nanowires of iodine-containing $Cu_4Bi_4S_9$ ［J］. Journal of Crystal Growth, 2007, 306: 212−216.

［96］ Razmara M F, Henderson C M B, Pattrick R A D. The crystal chemistry of the solid solution series between chalcostibite ($CuSbS_2$) and emplectite ($CuBiS_2$) ［J］. J. Mater Res, 1997, 61: 79−88.

［97］ Tomeoka K, Ohmasa M, Sadanaga R. Crystal chemical studies on some compounds in the $Cu_2S-Bi_2S_3$ system ［J］. Mineralogical Journal, 1980, 10: 57−70.

［98］ Tomeoka K. The modulated structures in the system of $Cu_2S-Bi_2S_3$ ［D］. Tokyo: University of Tokyo, Doctoral thesis, 1980.

［99］ Torneoka K. The modulated structure of cubic Cu_9BiS_6 ［J］. American Mineralogist. 1982, 67: 360−372.

［100］ Ohmasa M, Tomeoka K, Sadanaga R. The modulated structure of $Cu_3Bi_5S_9$ ［J］. AIP Conference Proceedings, 1979, No. 53: 355−357.

［101］ Ohmasa M, Nowacki W. The crystal structure of synthetic $CuBi_5S_8$ ［J］. Zeitschrift für Kristallographie, 1973, 137: 422−432.

［102］ Huynh W U, Dittmer J J, Alivisatos A P. Hybrid nanorod-polymer solar cells ［J］. Science, 2002, 295: 2425−2427.

［103］ Gou X L, Cheng F Y, Shi Y H, et al. Shape-controlled synthesis of ternary chalcogenide $ZnIn_2S_4$ and CuIn (S, Se) $_2$ nano-/microstructures via facile solution route ［J］. J. Am Chem Soc. 2006；128: 7222−7229.

［104］ 进藤，大辅，平贺，等. 材料评价的高分辨电子显微方法 ［J］. 刘安生译. 冶金工业出版社. 北京：2002, 146−148.

［105］ Liu Z P, Peng S, Qian Y T, et al. Large-scale synthesis of ulrealong Bi_2S_3 nanoribbons via a solvothermal process ［J］. Advanced Materials, 2003, 15 (11) : 936−939.

［106］ Li H, Zhang Q, Pan A, et al. Single-crystalline $Cu_4Bi_4S_9$ nanoribbons: facile synthesis, growth mechanism, and surface photovoltaic Properties ［J］. Chem. Mater., 2011, 23: 1299−1305.

[107] Kryukova G, Heuer M, Bente K, et al. Micro-and nanowires of iodine-containing $Cu_4Bi_4S_9$ [J]. Joural of Crystal, 2007, 306: 212 – 216.

[108] Kyono A, Kimata M. Crystal structures of chalcostibite ($CuSbS_2$) and emplectite ($CuBiS_2$) : Structural relationship of stereochemical activity between chalcostibite and emplectite [J]. American Mineralogist, 2005, 90: 162 – 165.

[109] Kocman B V, Nuffield E W. The crystal structure of wittichenite, Cu_3BiS_3 [J]. Acta Cryst B, 1973, 29: 2528 – 2535.

[110] Ozawa T, Nowacki W. The crystal structure of, and the bismuth-copper distribution in synthetic cuprobisrauthite [J]. Zeitschrift für Kristallographie-Crystalline Materials, 1975, 142: 161 – 176.

[111] Mariolacos K, Kupčik V, Ohmasa M, et al. The crystal structure of $Cu_4Bi_5S_{10}$ and its relation to the structures of hodrushite and cuprobismutite [J]. Acta Crystallographica, 1975, B31: 703 – 708.

[112] Armatas G S, Kanatzidis M G. Size Dependence in hexagonal mesoporous germanium: Pore wall thickness versus energy gap and Photoluminescence [J]. Nano Lett., 2010, 10: 3330 – 3336.

[113] Qu B, Zhang M, Lei D, et al. Facile solvothermal synthesis of mesoporous Cu_2SnS_3 spheres and their application in lithium-ion batteries [J]. Nanoscale, 2011, 3: 3646 – 3651.

[114] Yang P, Zhao D, Margolese D I, et al. Generalized syntheses of large-pore mesoporous metal oxides with semicrystalline frameworks [J]. Nature, 1998, 396: 152 – 155.

[115] Wang G, Liu H, Liu J, et al. Mesoporous $LiFePO_4/C$ nanocomposite cathode materials for high power lithium ion batteries with superior Performance [J]. Adv. Mater., 2010, 22: 4944 – 4948.

[116] Ren Y, Armstrong A R, Jiao F, et al. Influence of size on the rate of mesoporous electrodes for lithium batteries[J]. J. Am. Chem. Soc., 2010, 132: 996 – 1004.

[117] Panthani M G, Akhavan V, Goodfellow B, et al. Synthesis of $CuInS_2$,

CuInSe$_2$, and Cu (In$_x$Ga$_{1-x}$) Se$_2$ (CIGS) nanocrystal "inks" for printable photovoltaics [J]. J. Am. Chem. Soc., 2008, 130: 16770 – 16777.

[118] Das K, Datta A, Chaudhuri S. CuInS$_2$ Flower vaselike nanostructure arrays on a Cu tape substrate by the copper indium sulfide on Cu-tape (CISCuT) method: growth and characterization [J]. Cryst. Growth Des., 2007, 7: 1547 – 1552.

[119] Mesa F, Gordillo G, Dittrich Th, et al. Transient surface photovoltage of p-type Cu$_3$BiS$_3$ [J]. Appl. Phys. Lett., 2010, 96: 082113.

[120] Sonawane P S, Wani P A, Patil L A, et al. Growth of CuBiS$_2$ thin films by chemical bath deposition technique from an acidic bath[J]. Mater. Chem. Phys., 2004, 84: 221 – 227.

[121] Guo Q, Ford G M, Yang W C, et al. Hillhouse and R. Agrawal, fabrication of 7.2% efficient CZTSSe solar cells using CZTS nanocrystals [J]. J. Am. Chem. Soc., 2010, 132: 17384 – 17386.

[122] Zou C, Zhang L, Lin D, et al. Facile synthesis of Cu$_2$ZnSnS$_4$ nanocrystals [J]. Cryst Eng Comm, 2011, 13: 3310 – 3313.

[123] Zhang A, Ma Q, Lu M, et al. Copper-indium sulfide hollow nanospheres synthesized by a facile solution-chemical method [J]. Cryst. Growth Des., 2008, 8: 2402 – 2405.

[124] Ford G M, Guo Q, Agrawal R, et al. Earth abundant element Cu$_2$Zn (Sn$_{1-x}$Ge$_x$) S$_4$ nanocrystals for tunable band gap solar cells: 6.8% efficient device fabrication [J]. Chem. Mater., 2011, 23: 2626 – 2629.

[125] Riha S C, J Fredrick S, Sambur J B, et al. Photoelectrochemical characterization of nanocrystalline thin-film Cu$_2$ZnSnS$_4$ photocathodes [J]. ACS Appl. Mater. Interfaces, 2011, 3: 58 – 66.

[126] Villars P, Prince A, Okamoto H. Handbook of ternary alloy phase diagrams [Z]. OH: ASM International, 1994, 5: 6148.

[127] Li H, Zhang Q, Pan A, et al. Single-crystalline Cu$_4$Bi$_4$S$_9$ nanoribbons: facile synthesis, growth mechanism, and surface photovoltaic properties [J]. Chem. Mater., 2011, 23: 1299 – 1305.

［128］ Gerein N J, Haber J A. Synthesis of Cu_3BiS_3 thin films by heating metal and metal sulfide precursor films under hydrogen sulfide ［J］. Chem. Mater., 2006, 18: 6289 – 6296.

［129］ Gerein N J, Haber J A. One-step synthesis and optical and electrical properties of thin film Cu_3BiS_3 for use as a solar absorber in photovoltaic devices ［J］. Chem. Mater., 2006, 18: 6297 – 6302.

［130］ Nair P K, Huang L, Nair M T S, et al. Formation of p-type Cu_3BiS_3 absorber thin films by annealing chemically deposited Bi_2S_3 – CuS thin films ［J］. J. Mater. Res., 1997, 12: 651 – 656.

［131］ Chen D, Shen G, Tang K, et al. The synthesis of Cu_3BiS_3 nanorods via a simple ethanol-thermal route ［J］. Cryst. Growth, 2003, 253: 512 – 516.

［132］ Zeng Y, Li H, Xiang B, et al. Synthesis and characterization of phase-purity Cu_9BiS_6 nanoplates ［J］. Mater. Lett., 2010, 64: 1091–1094.

［133］ Chung J S, Sohn H J. Electrochemical behaviors of CuS as a cathode material for lithium secondary batteries［J］. J. Power Sources, 2002, 108: 226 – 231.

［134］ Bonino F, Lazzari M, Rivolta B, et al. Electrochemical behavior of solid cathode materials in organic electrolyte lithium batteries: Copper sulfides ［J］. J. Electrochem. Soc., 1984, 131, 1498 – 1502.

［135］ Zhou H, Xiong S, Wei L, et al. Acetylacetone-directed controllable synthesis of Bi_2S_3 nanostructures with tunable morphology ［J］. Cryst. Growth Des., 2009, 9: 3862 – 3867.

［136］ Jung H, Park C M, Sohn H J. Bismuth sulfide and its carbon nanocomposite for rechargeable lithium-ion batteries ［J］. Electrochim. Acta, 2011, 56: 2135 – 2139.

［137］ Park J C, Kim J, Kwon H, et al. Gram-scale synthesis of Cu_2O nanocubes and subsequent oxidation to CuO hollow nanostructures for lithium-ion battery anode materials ［J］. Adv. Mater., 2009, 21: 803 – 807.

［138］ Chen L B, Lu N, Xu C M, et al. Electrochemical performance of polycrystalline CuO nanowires as anode material for Li ion batteries.

Electrochim [J]. Acta, 2009, 54: 4198 – 4201.

[139] Ma J, Zhang J, Wang S, et al. Ionic liquids-assisted synthesis and electrochemical properties of Bi_2S_3 nanostructures [J]. CrystEngComm, 2011, 13: 3072 – 3079.

[140] 郭可信，叶桓强，吴玉琨. 电子衍射图在晶体学中的应用[M]. 北京：科学出版社，1983，102 – 106.

[141] Reisman S E, Doyle A G, Jacobsen E N. Geometric and Electronic Structure Studies of the Binuclear Nonheme Ferrous Active Site of Toluene – 4 – monooxygenase: Parallels with Methane Monooxygenase and Insight into the Role of the Effector Proteins in O_2 Activation [J]. J. Am. Chem. Soc., 2008, 130: 7198 – 7199.

[142] Zhang B, Ye X, Hou W, et al. Biomolecule-Assisted Synthesis and Electrochemical Hydrogen Storage of Bi_2S_3 Flowerlike Patterns with Well-Aligned Nanorods [J]. J. Phys. Chem. B, 2006, 110: 8978 – 8985.

[143] Li Y D, H Liao W, Ding Y, et al. Solvothermal Elemental Direct Reaction to CdE (E = S, Se, Te) Semiconductor Nanorod [J]. Inorg. Chem., 1999, 38: 1382 – 1387.

[144] Kocman B V, Nuffield E W. The crystal structure of wittichenite, Cu_3BiS_3. Acta Crystallogr., Sect. B: Struct. Crystallogr. Cryst. Chem., 1973, 29: 2528 – 2535.

[145] Burda C, Chen X B, Narayanan R, et al. Chemistry and Properties of Nanocrystals of Different Shapes [J]. Chem. Rev., 2005, 105: 1025.

[146] Zhong L S, Hu J S, Liang H P, et al. Self-Assembled 3D Flowerlike Iron Oxide Nanostructures and Their Application in Water Treatment[J]. Adv. Mater. [J]. 2006, 18: 2426 – 2431.

[147] Kitaev G E, Sokolva T P. General synthesis of metal sulfides nanocrystallines via a si mple polyol route [J]. J. Russ, Inorg. Chem., 1970, 15: 167 – 169.

[148] Ostrovskaya I K, Kitaev G A, Velijanov A A, Optical Nonlinearities in One-Di mensional-Conjugated Polymer Crystals [J]. Russ. J. Phys.

Chem., 1976, 50: 943−956.

[149] V Estrella, M Nair, P K Nair. Semiconducting Cu_3BiS_3 thin films formed by the solid-state reaction of CuS and bismuth thin films [J]. Semicond. Sci. Technol., 2003, 18: 190−194.

[150] Li Y, Liu J, Huang X, et al. Hydrothermal Synthesis of Bi_2WO_6 Uniform Hierarchical Microspheres[J]. Cryst. Growth Des., 2007, 7: 1350−1355.

[151] Ward J S, Ramanathan K, Hasoon F S, et al. A 21. 5%efficient Cu (In, Ga) Se_2 thin film concentrator solar cell. R. Noufi, Prog. Photovoltaics [J]. 2002, 10: 41−46.

[152] Guo Q J, Hillhouse H W, Agrawal R. Synthesis of Cu_2ZnSnS_4 Nanocrystal Ink and Its Use for Solar Cells [J]. Am. Chem. Soc., 2009, 131: 11672−11673.

[153] Chen S, Gong X G, Walsh A, et al. Crystal and electronic band structure of Cu_2ZnSnX_4 (X=S and Se) photovoltaic absorbers: First-principles insights [J]. Appl. Phys. Lett., 2009, 94: 041903.

[154] Chen S Y, Gong X G, Walsh A, et al. Defect physics of the kesterite thin-film solar cell absorber Cu_2ZnSnS_4 [J]. Appl. Phys. Lett., 2010, 96: 021902.

[155] Guo Q J, Ford G M, Yang W C, et al. Fabrication of 7. 2%Efficient CZTSSe Solar Cells Using CZTS Nanocrystals [J]. J. Am. Chem. Soc. 2010, 132: 17384−17386.

[156] Haas W, Rath T, Pein A, et al. The stoichiometry of single nanoparticles of copper zinc tin selenide [J]. Chem. Comm. 2011, 47: 2050−2052.

[157] Gunawan O, Todorov T K, Mitzi D B. Loss mechanisms in hydrazine-processed Cu_2ZnSn (Se, S) $_4$ solar cells [J]. Appl. Phys. Lett. 2010, 97: 233506.

[158] Steinhagen C, Panthani M G, Akhavan V, et al. Synthesis of Cu_2ZnSnS_4 Nanocrystals for Use in Low-Cost Photovoltaics [J]. J. Am. Chem. Soc., 2009, 131: 12554.

[159] 张清林. 瞬态表面光伏测试系统的建立及其在功能材料光生电荷性

质研究中的应用 [D]. 吉林大学：吉林大学图书馆，2006，6.

[160] Xie T F, Wang D J, Zhu L J, et al, Application of surface photovotage technique to the determination of condition types of azo pigment film[J]. J. Phys. Chem. B., 2000, 104: 8177 – 8181.

[161] Kronik L, Shapira Y. Surface photovoltage spectroscopy of semiconductor structures: at the crossroads of physics, chemistry and electrical engineering [J]. Surf. Interface Anal. 2001, 31: 954 – 965.

[162] Lin Y H, Wang D J, Zhao Q D, et al. A study of quantum confinement properties of photogenerated charges in ZnO nanoparticles by surface photovoltage spectroscopy[J]. J. Phys. Chem. B, 2004, 108: 3202 – 3206.

[163] Shikler R, Rosenwaks Y. Near-field surface photovoltage. Appl. Phys. Lett [J]. 2000, 77: 836.

[164] Zhang J, Wang D J, Shi T S, et al. Photovoltaic properties of porphyrin solid films with electric-field induction [J]. Thin solid films, 1996, 284/285: 596 – 599.

[165] Zhang J, Wang D J, Chen Y M, et al. A new type of organic-inorganic multilayer: fabrication and photoelectric properties [J]. Thin solid films, 1997, 300: 208 – 212.

[166] Fischereder A, Rath T, Haas W, et al. Investigation of Cu_2ZnSnS_4 Formation from Metal Salts and Thioacetamide [J]. Chem. Mater. 2010, 22: 3399 – 3406.

[167] Fiechter S, Martinez M, Schmidt G, et al. Phase relations and optical properties of semiconducting ternary sulfides in the system Cu-Sn-S [J]. Journal of Physics and Chemistry of Solids 2003, 64: 1859 – 1862.

[168] Zhang Y, Xie T F, Jiang T F, et al. Surface photovoltage characterization of a ZnO nanowire array/CdS quantum dot heterogeneous film and its application for photovoltaic devices [J]. Nanotechnology, 2009, 20: 155707.

[169] Cheng K, He Y P, Miao Y M, et al. Quantum Size Effect on Surface Photovoltage Spectra: Alpha-Fe_2O_3 Nanocrystals on the Surface of

Monodispersed Silica Microsphere [J]. J. Phys. Chem. B, 2006, 110: 7259 – 7264.

[170] Dember H. über eine photoelektromotorische kupferoxydul-kristallen [J]. Physik. Zeitschr., 1931, 32: 554.

[171] Duzhko V, Koch F, Dittrich Th. Transient photovoltage and dielectric relaxation time in porous silicon [J]. J. Appl. Phys., 2002: 9432.

[172] Riha S C, Fredrick S J, Sambur J B, et al. Photoelectrochemical characterization of nanocrystalline thin-Film Cu_2ZnSnS_4 photocathodes [J]. Applied materials and interface, 2011, 3: 58 – 66.

[173] Singh N, Yan C Y, Lee P S, et al. Sensing properties of different classes of gases based on the nanowire-electrode junction barrier modulation [J]. Nanoscale, 2011, 3: 1760 – 1765.

[174] Greiner A, Wendorff JH, Electrospinning: a fascinating method for the preparation of ultrathin fibers [J]. Angewandte Chemie International Edition, 2007, 46: 5670 – 5703.

[175] Zhang S, Mi J, Zhao H, et al. Electrospun N-doped carbon nanofibers confined $Fe_{1-x}S$ composite as superior anode material for sodium-ion battery [J]. Journal of Alloys and Compounds, 2020, 842: 155642.

[176] Yan H, Yang M, Liu L, et al. Synthesis of SnS/C nanofibers membrane as self-standing anode for high-performance sodium-ion batteries by a smart process [J]. Journal of Alloys and Compounds, 2020, 843: 155899.

[177] Choi J-H, Ha C-W, Choi H-Y, et al. High performance Sb_2S_3/carbon composite with tailored artificial interface as an anode material for sodium ion batteries [J]. Metals and Materials International, 2017, 23: 1241 – 1249.

[178] Dashairya L, Saha P, Antimony Sulphide Nanorods Decorated onto Reduced Graphene Oxide Based Anodes for Sodium-Ion Battery [J]. Materials Today: Proceedings, 2020, 21: 1899 – 1904.

[179] Li J, Yan D, Zhang X, et al. In situ growth of Sb2S3 on multiwalled carbon nanotubes as high-performance anode materials for sodium-ion batteries [J]. Electrochimica Acta, 2017, 228: 436 – 446.

［180］ Yao S, Cui J, Deng Y, et al. Ultrathin Sb2S3 nanosheet anodes for exceptional pseudocapacitive contribution to multi-battery charge storage ［J］. Energy Storage Materials, 2019, 20: 36－45.

［181］ Cao L, Gao X, Zhang B, et al. Bimetallic Sulfide Sb_2S_3@FeS_2 Hollow Nanorods as High-Performance Anode Materials for Sodium-Ion Batteries ［J］. ACS Nano, 2020, 14: 3610－3620.

［182］ Cheng A, Zhang H, Zhong W, et al. Enhanced electrochemical properties of single-layer MoS2 embedded in carbon nanofibers by electrospinning as anode materials for sodium-ion batteries［J］. Journal of Electroanalytical Chemistry, 2019, 843: 31－36.

［183］ Wang X, Fan L, Gong D, et al. Core-Shell Ge@Graphene@TiO_2 Nanofibers as a High-Capacity and Cycle-Stable Anode for Lithium and Sodium Ion Battery ［J］. Advanced Functional Materials, 2016, 26: 1104－1111.

［184］ Chen Z, Duan H, Xu Z, et al. Fast Sodium Storage with Ultralong Cycle Life for Nitrogen Doped Hollow Carbon Nanofibers Anode at Elevated Temperature ［J］. Advanced Materials Interfaces, 2020, 7: 1901922.

［185］ You C, Liao S, Qiao X, et al. Conversion of polystyrene foam to a high-performance doped carbon catalyst with ultrahigh surface area and hierarchical porous structures for oxygen reduction ［J］. Journal of Materials Chemistry A, 2014, 2: 12240－12246.

［186］ Celik MU, Ekici S, Polyacrylamide-polyaniline composites: the effect of crosslinking on thermal, swelling, porosity, crystallinity, and conductivity properties ［J］. Colloid and Polymer Science, 2019, 297: 1331－1343.

［187］ Li X, Song Y, You L, et al. Synthesis of Highly Uniform N-Doped Porous Carbon Spheres Derived from Their Phenolic-Resin-Based Analogues for High Performance Supercapacitors ［J］. Industrial & Engineering Chemistry Research, 2019, 58: 2933－2944.

［188］ Molaei P, Kazeminezhad I, Extended photocurrent performance of antimony trisulfide/reduced graphene oxide composite prepared via a facile hot-injection route [J]. Ceramics International, 2018, 44: 13191－13196.

[189] Zhai H, Jiang H, Qian Y, et al. Sb_2S_3 nanocrystals embedded in multichannel N-doped carbon nanofiber for ultralong cycle life sodium-ion batteries [J]. Materials Chemistry and Physics, 2020, 240: 122139.

[190] Zhao W, Hu X, Ci S, et al. N-Doped Carbon Nanofibers with Interweaved Nanochannels for High-Performance Sodium-Ion Storage, Small, 2019, 15: 1904054.

[191] Liu Y, Lu Z, Cui J, et al. Plasma milling modified Sb_2S_3－graphite nanocomposite as a highly reversible alloying-conversion anode material for lithium storage [J]. Electrochimica Acta, 2019, 310: 26－37.

[192] Deng M, Li S, Hong W, et al. Natural stibnite ore (Sb_2S_3) embedded in sulfur-doped carbon sheets: enhanced electrochemical properties as anode for sodium ions storage [J]. RSC Advances, 2019, 9: 15210－15216.

[193] Dong S, Li C, Ge X, et al. ZnS-Sb_2S_3@C Core-Double Shell Polyhedron Structure Derived from Metal-Organic Framework as Anodes for High Performance Sodium Ion Batteries [J]. ACS Nano, 2017, 11: 6474－6482.

[194] Xie F, Zhang L, Gu Q, et al. Multi-shell hollow structured Sb2S3 for sodium-ion batteries with enhanced energy density [J]. Nano Energy, 2019, 60: 591－599.

[195] Hou H, Jing M, Huang Z, et al. One-dimensional rod-like Sb_2S_3－based anode for high-performance sodium-ion batteries [J]. ACS Applied Materials & Interfaces, 2015, 7: 19362－19369.

[196] Dong Y, Xia Y, Chui Y-S, et al. Self-assembled three-dimensional mesoporous $ZnFe_2O_4$－graphene composites for lithium ion batteries with significantly enhanced rate capability and cycling stability [J]. Journal of Power Sources, 2015, 275: 769－776.

[197] Zhang L, Fan W, Liu T, Flexible hierarchical membranes of WS_2

nanosheets grown on graphene-wrapped electrospun carbon nanofibers as advanced anodes for highly reversible lithium storage [J]. Nanoscale, 2016, 8: 16387 – 16394.

[198] Yin H, Hui KS, Zhao X, et al. Eco-Friendly Synthesis of Self-Supported N-Doped Sb_2S_3 – Carbon Fibers with High Atom Utilization and Zero Discharge for Commercial Full Lithium-Ion Batteries [J]. ACS Applied Energy Materials, 2020, 3: 6897 – 6906.

[199] Zhang S, Wang G, Wang B, et al. 3D Carbon Nanotube Network Bridged Hetero-Structured Ni-Fe-S Nanocubes toward High-Performance Lithium, Sodium, and Potassium Storage [J]. Advanced Functional Materials, 2020, 30: 2001592.

[200] Liu M, Zhang P, Qu Z, et al. Conductive carbon nanofiber interpenetrated graphene architecture for ultra-stable sodium ion battery [J]. Nature Communicaton, 2019, 10: 3917.

[201] Wang D, Yan B, Guo Y, et al. N-doped Carbon Coated CoO Nanowire Arrays Derived from Zeolitic Imidazolate Framework – 67 as Binder-free Anodes for High-performance Lithium Storage [J]. Scientific Reports, 2019, 9: 5934.

[202] Zhu M, Kong X, Yang H, et al. One-dimensional coaxial Sb and carbon fibers with enhanced electrochemical performance for sodium-ion batteries [J]. Applied Surface Science, 2018, 428: 448 – 454.

[203] Chen F, Shi D, Yang M, et al. Novel Designed $MnS-MoS_2$ Heterostructure for Fast and Stable Li/Na Storage: Insights into the Advanced Mechanism Attributed to Phase Engineering [J]. Advanced Functional Materials, 2021, 31: 2007132.

[204] Yang C, Liang X, Ou X, et al. Heterostructured Nanocube-Shaped Binary Sulfide (SnCo) S_2 Interlaced with S-Doped Graphene as a High-Performance Anode for Advanced Na^+ Batteries [J]. Advanced Functional Materials, 2019, 29: 1807971.

[205] Fang G, Wang Q, Zhou J, et al. Metal Organic Framework-Templated

Synthesis of Bimetallic Selenides with Rich Phase Boundaries for Sodium-Ion Storage and Oxygen Evolution Reaction [J]. ACS Nano, 2019, 13: 5635 – 5645.

[206] Zhang Z, Zhao J, Xu M, et al. Facile synthesis of Sb_2S_3/MoS_2 heterostructure as anode material for sodium-ion batteries [J]. Nanotechnology, 2018, 29: 335401.

[207] Xiao K, Xu QZ, Ye KH, et al. Facile Hydrothermal Synthesis of Sb2S3 Nanorods and Their Magnetic and Electrochemical Properties [J]. ECS Solid State Letters, 2013, 2: 51 – 54.

[208] Walter M, Zund T, Kovalenko MV, Pyrite (FeS_2) nanocrystals as inexpensive high-performance lithium-ion cathode and sodium-ion anode materials [J]. Nanoscale, 2015, 7: 9158 – 9163.

[209] Shan C, Wang Y, Xie S, et al. Free-standing nitrogen-doped grapheme-carbon nanofiber composite mats: electrospinning synthesis and application as anode material for lithium-ion batteries [J]. Journal of Chemical Technology & Biotechnology, 2019, 94: 3793 – 3799.

[210] Wang K, Wu C, Wang F, et al. MOF-Derived CoP_x Nanoparticles Embedded in Nitrogen-Doped Porous Carbon Polyhedrons for Nanomolar Sensing of p-Nitrophenol[J]. ACS Applied Nano Materials, 2018, 1: 5843 – 5853.

[211] Sing KSW, Evertt DH, Haul RAW, REPORTING PHYSISORPTION DATA FOR GAS/SOLID SYSTEMS with Special Reference to the Determination of Surface Area and Porosity [J]. Pure and Applied Chemistry 1984, 57: 603–619.

[212] Yu Y, Gu L, Zhu C, et al. Tin Nanoparticles Encapsulated in Porous Multichannel Carbon Microtubes: Preparation by Single-Nozzle Electrospinning and Application as Anode Material for High-Performance Li-Based Batteries [J]. Journal of the American Chemical Society, 2009, 131: 15984–15985.

[213] Yu D Y, Prikhodchenko PV, Mason CW, et al. High-capacity antimony sulphide nanoparticle-decorated graphene composite as anode for

sodium-ion batteries [J]. Nature Communication, 2013, 4: 2922.

[214] Zhang S, Yin G, Zhao H, et al. Facile synthesis of carbon nanofiber confined FeS_2/Fe_2O_3 heterostructures as superior anode materials for sodium-ion batteries [J]. Journal of Materials Chemistry C, 2021, 9: 2933 – 2943.

[215] J. Liu, Y. G. Xu, L. B. Kong, Synthesis of polyvalent ion reaction of MoS_2/CoS_2 – RGO anode materials for high-performance sodium-ion batteries and sodium-ion capacitors [J]. Journal of Colloid and Interface Science, 2020, 575: 42–53.

[216] Bag S, Roy A, Mitra S. Sulfur, Nitrogen Dual Doped Reduced Graphene Oxide Supported Two-Dimensional Sb_2S_3 Nanostructures for the Anode Material of Sodium-Ion Battery [J]. ChemistrySelect, 2019, 4: 6679 – 6686.

[217] Li W, Gong Z, Yan X, et al. In situ engineered ZnS–FeS heterostructures in N-doped carbon nanocages accelerating polysulfide redox kinetics for lithium sulfur batteries [J]. Journal of Materials Chemistry A, 2020, 8: 433 – 442.

[218] Dong Y, Hu M, Zhang Z, et al. Nitrogen-Doped Carbon-Encapsulated Antimony Sulfide Nanowires Enable High Rate Capability and Cyclic Stability for Sodium-Ion Batteries [J]. ACS Applied Nano Materials, 2019, 2: 1457 – 1465.

[219] Sahoo RK, Singh S, Yun JM, et al. Sb_2S_3 Nanoparticles Anchored or Encapsulated by the Sulfur-Doped Carbon Sheet for High-Performance Supercapacitors [J]. ACS Applied Materials & Interfaces, 2019, 11: 33966 – 33977.

[220] Zhou X, Zhang Z, Yan P, et al. Sulfur-doped reduced graphene oxide/Sb_2S_3 composite for superior lithium and sodium storage [J]. Materials Chemistry and Physics, 2020, 244: 122661.

[221] Haridas AK, Heo J, Liu Y, et al. Boosting High Energy Density Lithium-Ion Storage via the Rational Design of an FeS-Incorporated

Sulfurized Polyacrylonitrile Fiber Hybrid Cathode [J]. ACS Applied Materials & Interfaces, 2019, 11: 29924 – 29933.

[222] Chu J, Yu Q, Han K, L. et al. Yolk–shell structured FeS/MoS$_2$ @nitrogen-doped carbon nanocubes with sufficient internal void space as an ultrastable anode for potassium-ion batteries [J]. Journal of Materials Chemistry A, 2020, 8: 23983 – 23993.

[223] Fang G, Wu Z, Zhou J, et al. Observation of Pseudocapacitive Effect and Fast Ion Diffusion in Bimetallic Sulfides as an Advanced Sodium-Ion Battery Anode [J]. Advanced Energy Materials, 2018, 8: 1703155.

[224] Haridas AK, Lim JE, Lim DH, et al. An Electrospun Core-Shell Nanofiber Web as a High-Performance Cathode for Iron Disulfide - Based Rechargeable Lithium Batteries [J]. ChemSusChem, 2018, 11: 3625 – 3630.

[225] Douglas A, Carter R, Oakes L, et al. Ultrafine Iron Pyrite (FeS$_2$) Nanocrystals Improve Sodium-Sulfur and Lithium-Sulfur Conversion Reactions for Efficient Batteries [J]. ACS Nano, 2015, 9: 11156 – 11165.

[226] Z. Hu, Z. Zhu, F. Cheng, K. Zhang, J. Wang, C. Chen, J. Chen, Pyrite FeS$_2$ for high-rate and long-life rechargeable sodium batteries [J]. Energy & Environmental Science 8 (2015) 1309 – 1316.

[227] Wang Q, Liu F, Wang L, et al. Towards fast and low cost Sb$_2$S$_3$ anode preparation: A simple vapor transport deposition process by directly using antimony sulfide ore as raw material [J]. Scripta Materialia, 2019, 173: 75 – 79.

[228] Xie J, Xia J, Yuan Y, et al. Sb$_2$S$_3$ embedded in carbon-silicon oxide nanofibers as high-performance anode materials for lithium-ion and sodium-ion batteries [J]. Journal of Power Sources, 2019, 435: 226762.

[229] Li Z, Zhang Y, Li X, et al. Reacquainting the Electrochemical Conversion Mechanism of FeS$_2$ Sodium-Ion Batteries by Operando Magnetometry [J]. Journal of the American Chemical Society, 2021, 143:

12800 – 12808.

[230] Ge P, Hou H, Ji X, et al. Enhanced stability of sodium storage exhibited by carbon coated Sb_2S_3 hollow spheres [J]. Materials Chemistry and Physics, 2018, 203: 185 – 192.

[231] Zhang K, Park M, Zhou L, et al. Cobalt-Doped FeS_2 Nanospheres with Complete Solid Solubility as a High-Performance Anode Material for Sodium-Ion Batteries [J]. Angewandte Chemie International Edition, 2016, 55: 12822 – 12826.

[232] Mullaivananathan V, Kalaiselvi N, Sb_2S_3 added bio-carbon: Demonstration of potential anode in lithium and sodium-ion batteries [J]. Carbon, 2019, 144: 772 – 780.

[233] Pan Z-Z, Yan Y, Cui N, et al. Ionic Liquid-Assisted Preparation of Sb_2S_3/Reduced Graphene Oxide Nanocomposite for Sodium-Ion Batteries [J]. Advanced Materials Interfaces, 2018, 5: 1701481.

[234] Xie J, Liu L, Xia J, et al. Template-Free Synthesis of Sb_2S_3 Hollow Microspheres as Anode Materials for Lithium-Ion and Sodium-Ion Batteries [J]. Nano-Micro Letters, 2018, 10: 12.

[235] Yao S, Cui J, Lu Z, et al. Unveiling the Unique Phase Transformation Behavior and Sodiation Kinetics of 1D van der Waals Sb_2S_3 Anodes for Sodium Ion Batteries [J]. Advanced Energy Materials, 2017, 7: 1602149.

[236] Zheng T, Li G, Zhao L, et al. Flowerlike Sb_2S_3/PPy Microspheres Used as Anode Material for High-Performance Sodium-Ion Batteries [J]. European Journal of Inorganic Chemistry, 2018, 2018: 1224 – 1228.

[237] Lu Y, Zhang N, Jiang S, et al. High-Capacity and Ultrafast Na-Ion Storage of a Self-Supported 3D Porous Antimony Persulfide-Graphene Foam Architecture [J]. Nano Letters, 2017, 17: 3668 – 3674.

[238] Choi SH, Lee J-H, Kang YC, Perforated Metal Oxide/Carbon Nanotube Composite Microspheres with Enhanced Lithium-Ion Storage Properties [J]. ACS Nano, 2015, 9: 10173 – 10185.

［239］ Ni Q, Bai Y, Guo S, et al. Carbon Nanofiber Elastically Confined Nanoflowers: A Highly Efficient Design for Molybdenum Disulfide-Based Flexible Anodes Toward Fast Sodium Storage ［J］. ACS Applied Materials & Interfaces, 2019, 11: 5183－5192.

［240］ G. A. Muller, J. B. Cook, H. S. Kim, S. H. Tolbert, B. Dunn, High performance pseudocapacitor based on 2D layered metal chalcogenide nanocrystals ［J］. Nano Lett 15 (2015) 1911－1917.

［241］ Das R, Srinives B K, Mulchandani S, et al. ZnS nanocrystals decorated single-walled carbon nanotube based chemiresistive label-free DNA sensor ［J］. Appl. Phys. Lett. 2011, 98: 013701.

［242］ Mönch W. Electronic properties of semiconductor interfaces ［M］. Springer: Berlin, 2004.

［243］ Mukhopadhyay S C, Gupta G S, Huan R Y M g. Recent Advances in Sensing Technology ［M］. Springer: Berlin, 2009.

［244］ Tohmyoh H, Fukui S. Self-completed Joule heat welding of ultrathin Pt wires ［J］. Phys. Rev. B, 2009, 80: 155403.

［245］ Jin C H, Wang J Y, Chen Q, et al. In Situ Fabrication and Graphitization of Amorphous Carbon Nanowires and Their Electrical Properties ［J］. J. Phys. Chem. B, 2006, 110: 5423－5428.

［246］ Liu E S, Jain N, Varahramyan K M, et al. Role of Metal–Semiconductor Contact in Nanowire Field-Effect Transistors［J］. IEEE Trans. Nanotech., 2010, 9 (2): 237－242.

［247］ Lin Y C, Lu K C, Wu W W, et al. Single Crystalline PtSi Nanowires, PtSi/Si/PtSi Nanowire Heterostructures, and Nanodevices［J］. Nano Lett., 2008, 8 (3): 913－918.

［248］ Wang Y G, Zou B S, Wang T H, et al. I-V characteristics of Schottky contacts of semiconducting ZnSe nanowires and gold electrodes ［J］. Nanotech., 2006, 17: 2420－2423.

［249］ Pop E. 2009 Proc. 3rd Energy Nanotechnology International Conference

［C］. Jacksonville, FL 10 – 14 August, 2008, 129.

［250］ Tarun A, Hayazawa N, Kawata S. Site-Selective Cutting of Carbon Nanotubes by Laser Heated Silicon Tip ［J］. Jap. J. Appl. Phys. 2010, 49: 025003.

［251］ Kaye G W C, Laby T H. 1995 Tables of Physical an Chemical Constants ［M］. London: Longman, 1995.

［252］ Massalski (ed.) T B. Binary Alloy Phase Diagrams ［M］. *ASM. Metals Park, OH. 2nd edn. 1990.*

［253］ Schmid-Fetzer R, Schwarz R, Molle M, et al. Experimental study of ternary M-Zn-Se (M = W, Au, In, Ti) phase equilibria［J］J. Alloy Compd. 1997, 247: 158 – 163.

［254］ Rabenau A, Schulz H. The crystal structures of α-AuSe and β-AuSe. J. Less-Commun ［J］. Met. 1976, 48: 89 – 101.

［255］ Kubashewski O, Alcock C B, Spencer P J, in: Materials Thermochemistry ［M］. 6th ed. Pergammon, New York, 1993.

［256］ Brillson L J. Transition in Schottky Barrier Formation with Chemical Reactivity ［J］. Phys. Rev. Lett., 1978, 40: 260 – 263.

［257］ Huang Y, Duan X, Cui Y, et al. Logic Gates and Computation from Assembled Nanowire Building Blocks ［J］. Science, 2001, 294: 1313 – 1317.

［258］ Law M, Greene L, Johnson J, et al. Nanowire dye-sensitized solar cells ［J］. Nat. Mater., 2005, 4: 455 – 459.

［259］ Wang K, Chen J, Zhou W, et al. Direct Growth of Highly Mismatched Type II ZnO/ZnSe Core/Shell Nanowire Arrays on Transparent Conducting Oxide Substrates for Solar Cell Applications Adv［J］. Mater., 2008, 20: 3248 – 3252.

［260］ Huang Y, Duan X, Lieber C. Nanowires for Integrated Multicolor Nanophotonics ［J］. Small, 2005, 1: 142 – 147.

［261］ Zheng G, Patolsky F, Cui Y, et al. Multiplexed electrical detection of cancer markers with nanowire sensor arrays [J]. Nat. Biotechnol., 2005, 23: 1294 – 1301.

[262] Sun Y K, Thompson S E, Nishida T. Strain Effect in Semicondutors Springer [M]. London, 2010, 51 – 135.

[263] Tuma C, Curioni A. Large scale computer simulations of strain distribution and electron effective masses in silicon 100 nanowires [J]. Appl. Phys. Lett., 2010, 96: 193106.

[264] Pistol M E, Gerling M, Hessman D, et al. Properties of thin strained layers of GaAs grown on InP [J]. Phys. Rev. B, 1992, 45: 3628 – 3635.

[265] Pistol M E, Pryor C P. Band structure of segmented semiconductor nanowires [J]. Phys. Rev. B, 2009, 80: 035316.

[266] Xiang J, Lu W, Hu Y, et al. Si nanowire heterostructures as high-performance field-effect transistors [J]. Nature, 2006, 441: 489 – 493.

[267] Wang X D, Zhou J, Song J H, et al. Piezoelectric Field Effect Transistor and Nanoforce Sensor Based on a Single ZnO Nanowire [J]. Nano Lett., 2006, 6: 2768 – 2772.

[268] Chen J N, Conache G, Pistol M E, et al. Probing Strain in Bent Semiconductor Nanowires with Raman Spectroscopy [J]. Nano Lett., 2010, 10: 1280 – 1286.

[269] Chan Y F, Duan X F, Chan S K, et al. ZnSe nanowires epitaxially grown on GaP (111) substrates by molecular-beam epitaxy [J]. Appl. Phys. Lett., 2003, 83, 2665.

[270] Xiang H J, Wei S H, Silva J D, et al. Strain relaxation and band-gap tunability in ternary $In_xGa_{1-x}N$ nanowires [J]. Phys. Rev. B, 2008, 78: 193301.

[271] Thomas G, Goringe M J. Transmission Electron Microscopy of Materials [M] Wiley, New York, 1979, 177 – 185.

[272] Wang Y G, Zhang Q L, Wang T H, et al. Improvement of electron transport in a ZnSe nanowire by in situ strain[J]. J. Phys. D: Appl. Phys.,

2011, 44: 125301.

[273] Poncharal P, Wang Z L, Ugarte D, et al. Electrostatic Deflections and Electromechanical Resonances of Carbon Nanotubes [J]. Science, 1999, 283: 1513 – 1516.

[274] Jin C H, Wang J Y, Chen Q, et al. In Situ Fabrication and Graphitization of Amorphous Carbon Nanowires and Their Electrical Properties [J]. J. Phys. Chem. B, 2006, 110: 5423 – 5428.

[275] Wang Y G, Xia M X, Zou B S, et al. Current-Voltage Characteristics of in Situ Graphitization of Hydrocarbon Coated on ZnSe Nanowire [J]. J. Phys. Chem. C, 2010, 114: 12839 – 12849.

[276] Kaye G W C, Laby T h. Tables of Physical and Chemical Constants [M]. Longman, London, 1995, 213.

[277] Kasap S, Capper P. Handbook of Electronic and Photonic Materials [M]. Springer, Leipzig, 2006, 327.

[278] Yu P Y, Cardona M. Fundamentals of Semiconductors [M]. Springer, Berlin, 2005, 203 – 225.

[279] Martienssen W, Warlimont H. Handbook of Condensed Matter and Materials Data [M]. Springer, Heidelberg, 2005, 669.

[280] Segall M D, Lindan P J D, Probert M J, et al. First-principles simulation: ideas, illustrations and CASTEP code [J]. J. Phys. : Condens. Matter, 2002, 14: 2717.

[281] Himpsel F J, Hollinger G, Pollak R A. Determination of the Fermi-level pinning position at Si (111) surfaces [J]. Phys. Rev. B, 1983, 28: 7014 – 7018.

[282] Viernow J, Henzler M, O'Brien W L, et al. Unoccupied surface states on Si (111) $\sqrt{3} \times \sqrt{3} - $ Ag [J]. Phys. Rev. B, 1998, 57: 2321 – 2326.

[283] Lim J, Thompson S E, Fossum J G. Comparison of Threshold-Voltage Shifts for Uniaxial and Biaxial Tensile-Stressed n-MOSFETs [J]. IEEE Electron Device Lett., 2004, 25 (11) : 731 – 733.

［284］ Abramson A R, Tien C L, Majumdar A. Interface and Strain Effects on the Thermal Conductivity of Heterostructures: A Molecular Dynamics Study ［J］. J. Heat Transfer, 2002, 124 (5) : 963 – 970.

［285］ Swartz E T, Pohl R O. Thermal boundary resistance［J］. Rev. Mod. Phys., 1989, 61: 605 – 668.